U0599343

用数据说话

从Excel到Power BI

数据处理、分析、可视化一本通

博蓄诚品　编著

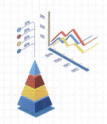

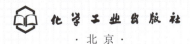

化学工业出版社

·北京·

内容简介

本书从读者熟悉的Excel出发，首先对数据的收集、整理、分析、多维透视进行了简要概述，接着引入了Power BI，以实现对数据更精准的分析及可视化操作。

全书共8章，内容包括如何使用Excel规范录入及整理数据源，如何使用函数、数据透视表及其他常见数据分析工具对数据进行加工，Power Query编辑器的应用、Power BI数据建模、DAX公式的应用、报表的创建和编辑，以及可视化对象的数据交互等。在讲解过程中安排了大量的实操案例，以达到学以致用、举一反三的目的。

本书结构合理，内容循序渐进、通俗易懂。本书适合Excel及Power BI入门及进阶读者、数据分析新手阅读使用，同时可用作职业院校及培训机构相关专业的教材及参考书。

图书在版编目（CIP）数据

用数据说话：从Excel到Power BI数据处理、分析、可视化一本通 / 博蓄诚品编著. —北京：化学工业出版社，2024.6
ISBN 978-7-122-45206-1

Ⅰ.①用… Ⅱ.①博… Ⅲ.①表处理软件 Ⅳ.①TP391.13

中国国家版本馆CIP数据核字（2024）第050515号

责任编辑：耍利娜　　　　　　　　文字编辑：刘建平　李亚楠　温潇潇
责任校对：边　涛　　　　　　　　装帧设计：王晓宇

出版发行：化学工业出版社
　　　　　（北京市东城区青年湖南街13号　邮政编码100011）
印　　装：河北尚唐印刷包装有限公司
710mm×1000mm　1/16　印张15　字数301千字
2024年7月北京第1版第1次印刷

购书咨询：010-64518888　　　　　　售后服务：010-64518899
网　　址：http://www.cip.com.cn
凡购买本书，如有缺损质量问题，本社销售中心负责调换。

定　　价：79.00元　　　　　　　　　　版权所有　违者必究

前 言

　　Power BI是微软公司推出的可视化探索和交互式报告工具，其全称为Power Business Intelligence。Power BI功能强大，操作简单，易于上手，能够与Excel软件无缝协作，是许多数据工作者首选的数据分析与可视化工具。全书内容遵循数据分析的基本流程，从数据源的建立到数据的整理与分析，最后是数据可视化转换。内容循序渐进，案例丰富且贴合实际工作，方便读者边学边实践。不论是Excel用户还是Power BI用户，通过学习本书，都能快速上手，制作出美观又实用的可视化报告。

（1）本书主要介绍了哪些内容？

　　全书共8章（如图0-1），内容由Excel和Power BI Desktop（Power BI的Windows桌面应用程序）两大部分构成。Excel部分主要介绍了原始数据的录入和规范整理、函数应用、各类数据分析工具的应用，以及数据透视表的应用等。Power BI Desktop部分则介绍了Power BI的基础知识、Power Query编辑器的应用、数据源的连接、数据模型的创建、DAX公式的使用、报表的创建和编辑，以及可视化对象的数据交互等。

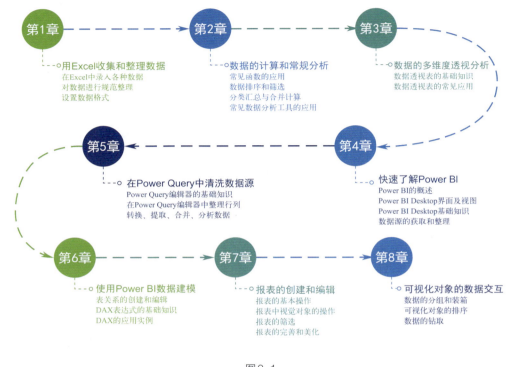

图0-1

（2）为什么要选择本书？

　　本书从数据分析及可视化的特点角度，用通俗易懂的语言对各环节操作技能进行了讲解，降低了理解难度。本书内容实用，所选案例贴合实际工作，职场"懒人"能随学随用，不读"无用书"。本书版式轻松，处处用图说话，图中标注清楚详细，真正做到"一图抵万言"，让阅读变得更轻松。本书每章均设置了【案例实战】环节，一步一图步骤详细，方便读者同步练习，进一步巩固学习成果，如图0-2所示。

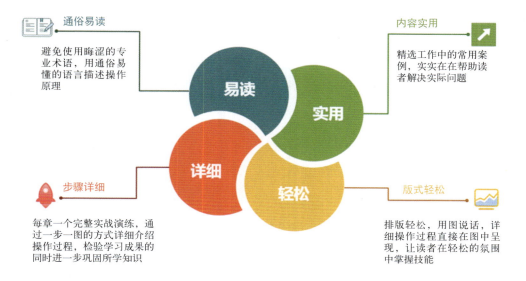

通俗易读

避免使用晦涩的专业术语，用通俗易懂的语言描述操作原理

内容实用

精选工作中的常用案例，实实在在帮助读者解决实际问题

步骤详细

每章一个完整实战演练，通过一步一图的方式详细介绍操作过程，检验学习成果的同时进一步巩固所学知识

版式轻松

排版轻松，用图说话，详细操作过程直接在图中呈现，让读者在轻松的氛围中掌握技能

图0-2

（3）本书有什么配套资源？

数据源文件＋码上看视频＋办公模板＋在线交流

- 数据源文件：提供书中用到的全部源文件，边学边练，操作技巧掌握得更快更牢固。

- 码上看视频：直接用手机扫描书中二维码就能观看同步教学视频，视频清晰流畅，学习体验感更佳。

- 办公模板：常用表格、文档、演示文稿模板，稍加改动就能用，提高工作效率，超省心。

- 在线交流：加入QQ群（群号：693652086），读者在线交流、解决学习问题、共享学习经验，作者也会不定时答疑解惑。

（4）本书适合哪些人阅读？

本书主要为Excel和Power BI入门及进阶读者编写，适合以下人群阅读。

- 大中专院校相关专业师生；
- 以Excel为主要数据分析工具的人员；
- 从事数据分析相关专业的人员；
- 想要提升可视化能力的职场人员；
- 经常需要用图表展示数据的人员；
- 需要分析销售数据的个人或企业；
- 对Excel和Power BI感兴趣的人员。

本书在编写过程中力求严谨细致，但由于时间与精力有限，疏漏之处在所难免，望广大读者批评指正。

编著者

目 录
CONTENTS

第1章
用Excel收集和整理数据

—————— 001

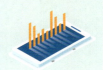

Excel
Power BI

第3章

数据的多维度透视分析

―――――― 073

第4章

快速了解 Power BI

―――――― 095

Excel
Power BI

第5章
在 Power Query 中
清洗数据源
—— 125

Excel
Power BI

第6章

使用Power BI数据建模

———— 167

第7章

报表的创建和编辑

———— 184

第8章

可视化对象的数据
交互

—————— 208

Excel
Power BI

第1章

用Excel收集和
整理数据

Excel是Power BI获取数据源的主要途径之一。用户可以使用Excel收集并整理数据。

扫码看本章视频

1.1 输入和编辑数据

在 Excel 中输入和编辑数据有很多种方法，数据类型不同，输入的方法也不同。为了提高数据录入的准确性和速度，还需要掌握一些数据录入方法。

1.1.1 了解 Excel 中的数据类型

Excel 中常见的数据类型包括文本、数字、日期、各类符号、逻辑值等。这些数据类型可分为五大类，即文本型数据、数值型数据、日期和时间数据、逻辑值以及错误值，如图 1-1 所示。

图1-1

在录入不同类型的数据时，会用到不同的技巧。快速掌握这些技巧在 Excel 表格中输入规范的数据，会为后续的统计分析带来很大的方便。

1.1.2 输入序列

所谓"序列"，可以解释为按照一定顺序排列的对象。在 Excel 中，不同类型的数据都可以生成序列，比如数字序列、日期序列以及文本序列等，如图 1-2 所示。

若想在表格中快速输入序列，可以使用"快速填充"进行操作。

（1）填充数字序列

输入前两个数字后，将光标移动到所选区域的右下角，光标变成黑色十字形状（称为填充柄）时按住鼠标左键向下拖动，松开鼠标即可完成填充，如图 1-3 所示。

数字序列	日期序列	文本序列
1	2023/10/1	甲
2	2023/10/2	乙
3	2023/10/3	丙
4	2023/10/4	丁
5	2023/10/5	戊
6	2023/10/6	己
7	2023/10/7	庚
8	2023/10/8	辛
9	2023/10/9	壬

图1-2

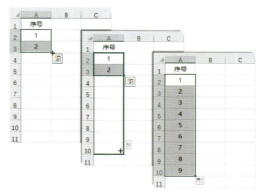

图1-3

操作提示

　　先输入前两个数字再填充是为了确定序列的"步长值"。Excel快速填充默认使用等差序列，即从第2项开始，每一项与它的前一项的差等于同一个常数。而每一项之间相差的这个数则为"步长值"。例如图1-3所示的序列步长值为"1"，若要生成以1开始，每两个值相差4的序列，则需要先输入"1"和"5"，再使用快速填充功能填充序列。

（2）填充日期序列

　　填充日期序列时，只需输入一个日期，然后将包含日期的单元格选中，向下拖动填充柄，即可填充连续的日期，如图1-4所示。

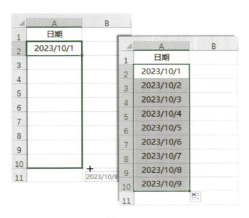

图1-4

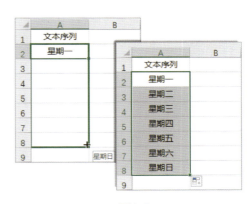

图1-5

（3）填充文本序列

Excel默认包含了少量的文本序列，例如星期、季度、月份，以及天干地支。只要在单元格中输入文本序列中的任意一个文本，使用填充柄进行填充即可得到文本序列。例如填充"星期一"至"星期日"的文本序列，如图1-5所示。

除了内置的文本序列，用户也可将常用的文本序列添加到"自定义序列"列表，以便随时调用。具体操作方法如下。

Step01：在Excel"文件"菜单中单击"选项"选项，打开"Excel选项"对话框。

Step02：切换到"高级"界面，在"常规"组中单击"编辑自定义列表"按钮，如图1-6所示。

Step03：弹出"自定义序列"对话框，在"输入序列"对话框中输入自定义的文本序列，单击"添加"按钮，将其添加到"自定义序列"列表中，最后单击"确定"按钮，关闭对话框即可，如图1-7所示。

图1-6　　　　　　　　　　　　　　　　图1-7

1.1.3　输入日期

Excel中的日期和时间是数值型数据的一种。用户在输入日期时应尽量输入标准格式的日期以免Excel无法识别，从而造成数据分析不准确。

（1）输入格式规范的日期

常见的标准日期格式包括"短日期"和"长日期"两种类型。短日期以"/"符号作为分隔符，长日期则以"年""月""日"文本作为分隔，如图1-8所示。

注意事项

输入短日期时，也可使用"-"符号作为分隔符，确认录入后，"-"会自动转换为"/"符号。

当忽略日期中的年份时，系统默认该日期为当前年份。例如在单元格中输入"8/15"，确认录入后显示为"8月15日"，本书的编写年份为2023年，在编辑栏中可以看到该日期为"2023/8/15",如图1-9所示。

图1-8　　　　　　　　　　　　　　图1-9

常见标准日期的输入及显示方式,如图1-10所示。

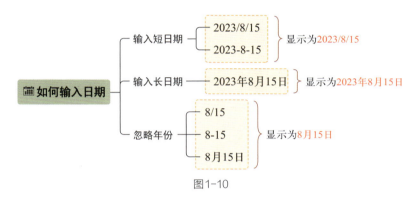

图1-10

操作提示

　　Excel可以识别的日期范围为"1900年1月1日"到"9999年12月31日"。每个日期都可以转换成序列值,"1900年1月1日"对应的序列值为"1","1900年1月2日"对应的序列值为"2",以此类推。将包含日期的单元格格式设置为"常规"格式即可将日期转换为序列值,如图1-11所示。

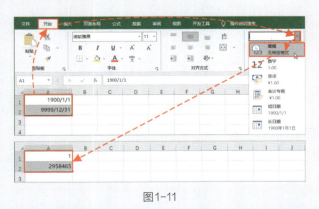

图1-11

（2）设置日期格式

输入日期后，可以根据需要更改日期的显示方式，Excel 包含的日期类型很多，用户可以在"设置单元格格式"对话框中选择合适的日期类型。具体操作方法为：首先选中包含日期的单元格区域，按 Ctrl+1 组合键，打开"设置单元格格式"对话框。然后在"数字"选项卡中的"分类"组内选择"日期"选项，在"类型"列表框中选择需要的日期类型，单击"确定"按钮即可完成更改，如图 1-12 所示。

图 1-12

1.1.4 输入超过 15 位的数字

当数字超过 11 位时，会以科学记数法显示。超过 15 位的数字超出部分会自动显示为 0，如图 1-13 所示。那对于超长数字该如何输入呢？

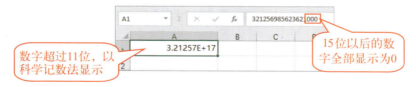

图 1-13

在工作中经常需要输入身份证号、银行卡号等超过 15 位的数字。为了让数字完整显示，可将单元格格式设置为"文本"。具体操作方法如下。

Step01：选中需要输入超过 15 位数字的单元格区域，打开"开始"选项卡，在"数字"组中单击"数字格式"下拉按钮，在下拉列表中选择"文本"选项，如图 1-14 所示。

Step02: 在文本格式的单元格中输入的数字不再受位数精度的限制，全部可以显示，如图1-15所示。

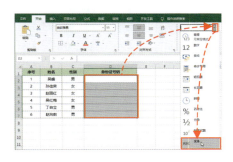

图1-14　　　　　　　　　　　　　　　　图1-15

1.1.5　移动和复制数据

在编辑数据的过程中合理使用移动和复制功能，可以避免重复性工作，提高制表速度。

执行剪切和复制的方法有很多种，用户可以使用功能区命令按钮、右键菜单、快捷键等方式执行剪切或复制操作。

（1）使用功能区命令按钮移动或复制数据

在表格中选中目标单元格或数据，打开"开始"选项卡，在"剪贴板"组中单击"剪切"按钮，随后选中新单元格或单元格区域，单击"粘贴"按钮，即可将目标单元格中的内容移动到新单元格中。

在表格中选中目标单元格或数据，单击"复制"按钮，随后选中新单元格或单元格区域，单击"粘贴"按钮，即可将目标单元格中的内容复制到新单元格中，如图1-16所示。

（2）使用右键菜单移动或复制数据

在表格中选中目标单元格或数据，随后在所选内容上右击，在弹出的菜单中包含"剪切""复制"以及"粘贴"选项，用户可通过这3个选项对所选数据执行移动或复制操作，如图1-17所示。

图1-16

图1-17

（3）使用快捷键移动或复制数据

移动数据时可使用 Ctrl+X 组合键剪切数据，用 Ctrl+V 组合键粘贴数据。

复制数据时可使用 Ctrl+C 组合键复制数据，用 Ctrl+V 组合键粘贴数据。

（4）复制数据时可选择的粘贴方式

复制数据时，默认将数据以及单元格格式一起复制。但是在工作的过程中往往要面对很多不同的情况，例如：只复制内容不复制格式，复制公式的时候只复制结果值而不复制公式，将内容复制为图片，让复制的内容与源数据保持链接，复制的时候自动实现行列转置，等等。此时便要选择相应的粘贴方式。

执行复制操作后，选中需要粘贴的单元格区域，然后在"开始"选项卡（如图1-18所示）或右键菜单（如图1-19所示）中选择需要的粘贴方式。

图1-18

图1-19

粘贴选项说明如图1-20所示。

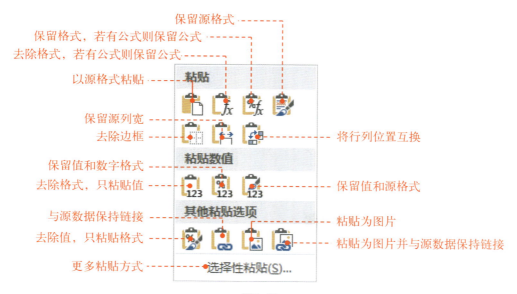

图1-20

1.1.6 删除数据

整理数据源时经常要删除各种错误或多余数据。在删除数据时，用户可根据实际需要删除指定区域内的数据、删除整行或整列数据、删除单元格中的指定字符、删除单元格中的超链接或批注等。

（1）删除指定单元格或单元格区域中的数据

选中单元格或单元格区域，按 Delete 键即可将所选区域中的数据清除。

（2）删除整行或整列

选中整行或整列，随后在选中的行或列上右击，在弹出的菜单中选择"删除"选项，即可将所选的行或列删除，如图 1-21 所示。

在"开始"选项卡中的"编辑"组内单击"清除"下拉按钮，通过下拉列表中的选项，可以对选中的单元格执行"全部清除""清除格式""清除内容""清除批注""清除超链接（不含格式）"等操作，如图 1-22 所示。

图1-21　　　　　　　　　　　　　　　　图1-22

1.2 数据的规范化整理

从外部导入 Excel 的数据或未按照标准格式输入的内容，在使用之前还需要先进行规范化的整理。

1.2.1 限制输入的数值和日期范围

为了避免在表格中输入超出范围的数值或日期，可以提前为单元格设置数据验证，显示数据的录入范围。

下面以限制只允许在单元格中输入"2023/10/1"至"2023/10/31"的日期为例。

`Step01:` 选中需要限制数据输入范围的单元格区域，打开"数据"选项卡，在"数据工具"组中单击"数据验证"按钮，如图 1-23 所示。

图1-23

Step02：弹出"数据验证"对话框，在"设置"选项卡中单击"允许"下拉按钮，在下拉列表中选择"日期"选项，如图1-24所示。

Step03：单击"数据"下拉按钮，在下拉列表中选择"介于"选项，如图1-25所示。

图1-24

图1-25

Step04：随后输入开始日期为"2023/10/1"，结束日期为"2023/10/31"，设置完成后单击"确定"按钮关闭对话框，如图1-26所示。

Step05：此时，在设置了验证条件的单元格中输入超出范围的日期，将弹出错误提示对话框，如图1-27所示。

图1-26

图1-27

设置数值的输入范围与设置日期的输入范围的操作方法基本相同。例如，需要将输入的数值限制在1～100之间，可以先选中单元格区域，打开"数据验证"对话框，设置"允许"输入"整数"，"数据"使用默认的"介于"，接着输入"最小值"为"1"，"最大值"为"100"，单击"确定"按钮，如图1-28所示。

1.2.2 禁止输入重复内容

表格中有些数据具有唯一性，此时可以使用"数据验证"功能设置指定的区域内禁止输入重复内容。具体操作方法如下。

图1-28

Step01：选中需要禁止输入重复数据的单元格区域，此处选择A2:A11单元格区域，打开"数据"选项卡，在"数据工具"组中单击"数据验证"按钮。

Step02：弹出"数据验证"对话框，在"设置"选项卡中设置"允许"条件为"自定义"，接着设置"公式"为"=COUNTIF($A$2:$A$11，A2)=1"，最后单击"确定"按钮完成设置，如图1-29所示。

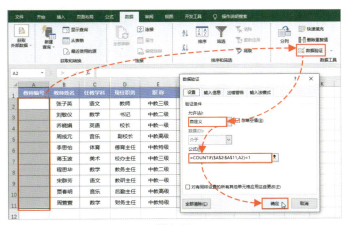

图1-29

操作提示

COUNTIF函数用于统计所选区域内符合指定条件的单元格数目。作为本例数据验证的条件，表示统计$A$2:$A$11区域内从A2单元格开始，每个单元格中所包含的内容只能出现1次。

1.2.3 拆分混合数据

用作数据分析的数据源，要求行列清晰，属性明确，一个单元格中通常只输入一种属性的数据。当多种属性的数据混合出现在一个单元格中时，需要对数据进行拆分。在Excel中拆分数据有很多种方法，拆分数据前应先观察混合数据的特点，然后根据这些特点选择合适的拆分方法。

（1）根据分隔符拆分数据

当每种属性的数据有固定的符号分隔，或同一列中相同属性的数据宽度几乎相同时，可以使用"分列"功能拆分数据。下面介绍如何根据分隔符拆分数据。

Step01：选中需要拆分的数据所在的单元格区域，打开"数据"选项卡，在"数据工具"组中单击"分列"按钮，如图1-30所示。

Step02：弹出"文本分列向导-第1步，共3步"对话框，此处保持默认选中的"分隔符号"，单击"下一步"按钮，如图1-31所示。

图1-30

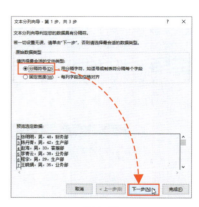

图1-31

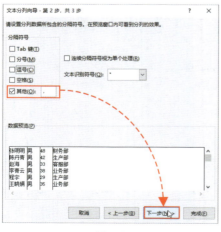

图1-32

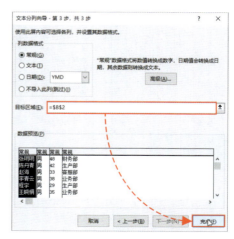

图1-33

Step03： 打开"文本分列向导 - 第 2 步，共 3 步"对话框，勾选"其他"复选框，并在右侧文本框中输入所选混合数据的分隔符，单击"下一步"按钮，如图 1-32 所示。

Step04： 打开"文本分列向导 - 第 3 步，共 3 步"对话框，在"目标区域"文本框中引用存放拆分后数据的首个单元格，最后单击"完成"按钮，如图 1-33 所示。

Step05： 混合数据随即根据分隔符位置自动被拆分为多列，如图 1-34 所示。

	A	B	C	D	E	F
1	员工信息	姓名	性别	年龄	部门	
2	张明明，男，48，财务部	张明明	男	48	财务部	
3	陈丹青，男，42，生产部	陈丹青	男	42	生产部	
4	赵海，男，33，客服部	赵海	男	33	客服部	
5	李青云，男，38，业务部	李青云	男	38	业务部	
6	程宇，男，29，生产部	程宇	男	29	生产部	
7	王晓娟，男，35，业务部	王晓娟	男	35	业务部	
8	周瑜，男，47，财务部	周瑜	男	47	财务部	
9	赵子龙，男，29，客服部	赵子龙	男	29	客服部	
10	赵云，女，27，生产部	赵云	女	27	生产部	
11	孙薇，女，30，业务部	孙薇	女	30	业务部	
12	陈晓敏，女，40，财务部	陈晓敏	女	40	财务部	
13	刘梅梅，女，49，客服部	刘梅梅	女	49	客服部	
14						

图 1-34

（2）根据字符宽度拆分数据

根据字符宽度拆分数据的前提是：相同属性的数据在一列中显示时宽度几乎相等，如图 1-35 所示。

图 1-35

具体操作方法如下。

Step01： 选中拆分数据所在的单元格区域，打开"数据"选项卡，在"数据工具"组中单击"分列"按钮，打开"文本分列向导 - 第 1 步，共 3 步"对话框。从中选择"固定宽度"单选按钮，单击"下一步"按钮，如图 1-36 所示。

Step02： 进入下一步对话框，在"数据预览"区域中要分列的位置处单击鼠标添加分隔线，随后单击"下一步"按钮，如图1-37所示。

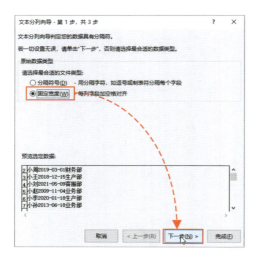

图1-36

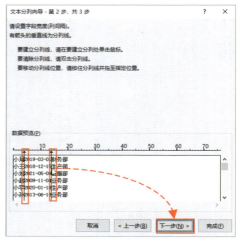

图1-37

Step03： 进入下一步对话框，在"目标区域"文本框中引用存放拆分后数据的首个单元格，单击"完成"按钮完成设置，如图1-38所示。

Step04： 所选单元格区域中的混合数据随即根据对话框中所添加的分隔线位置自动分列显示，如图1-39所示。

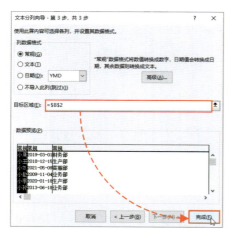

图1-38

	A	B	C	D
1	员工信息	姓名	入职日期	所属部门
2	小周2019-03-01财务部	小周	2019/3/1	财务部
3	小王2018-12-15生产部	小王	2018/12/15	生产部
4	小刘2021-05-09客服部	小刘	2021/5/9	客服部
5	小赵2009-11-04业务部	小赵	2009/11/4	业务部
6	小李2020-01-18生产部	小李	2020/1/18	生产部
7	小孙2013-06-18业务部	小孙	2013/6/18	业务部
8	小吴2005-07-28财务部	小吴	2005/7/28	财务部
9	小贾2008-09-22客服部	小贾	2008/9/22	客服部
10	小岳2016-11-19生产部	小岳	2016/11/19	生产部
11	小倪2021-04-05业务部	小倪	2021/4/5	业务部
12	小郑2003-10-15财务部	小郑	2003/10/15	财务部

图1-39

操作提示

　　使用"分列"功能拆分数据时，在"文本向导－第3步，共3步"对话框中还可设置指定列的格式，或选择不导入指定的列，如图1-40所示。

设置所选列的格式。当选择"日期"时，可单击右侧下拉按钮，设置日期的类型

选择此项可在分列时跳过所选列

用鼠标单击选择要设置的列，列变为黑色底纹，说明被选中

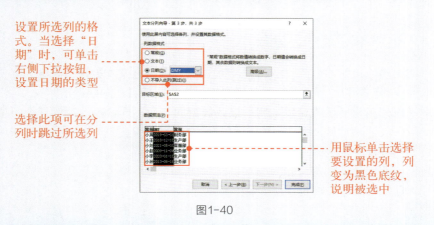

图1-40

（3）根据数据类型快速拆分

　　"快速填充"功能是Excel 2013及以上版本新增的一种功能，善用该功能可以提高工作效率。

　　下面将使用"快速填充"功能快速拆分考生的姓名和成绩。

Step01： 先在B2和C2单元格中分别手动输入第一个考生的姓名和成绩，如图1-41所示。

Step02： 选中第一个拆分出的考生姓名所在单元格（B2单元格），按Ctrl+E组合键，即可拆分出所有考生姓名，如图1-42所示。

Step03： 随后选中第一位考生的成绩所在单元格（C2单元格），按Ctrl+E组合键，即可拆分出所有考生的成绩，如图1-43所示。

图1-41	图1-42	图1-43

注意事项

使用"快速填充"拆分数据时，被拆分的数据必须与原始数据表相邻，否则无法完成拆分。

1.2.4 更正不规范的日期

日期如果输入得不规范，Excel有可能将其作为普通文本处理，这样一来便会影响数据的统计和分析。因此整理数据源时应对不规范的日期进行更正。

由于每位用户的操作习惯不同，以及数据的来源不同，不规范的日期类型多种多样，用户需要根据实际情况选择更正日期的方法。

（1）批量替换日期的分隔符

当日期使用统一的符号作为分隔符时可使用"查找和替换"功能替换日期中的分隔符。具体操作方法如下。

Step01：选中包含日期的单元格区域，按Ctrl+H组合键，打开"查找和替换"对话框。

Step02：在"替换"选项卡中的"查找内容"文本框中输入日期中的分隔符号，在"替换为"文本框中输入日期的标准分隔符"/"，单击"全部替换"按钮，即可更正不规范的日期格式，如图1-44所示。

图1-44

（2）使用"分列"功能替换日期

使用"分列"功能可以快速将多种不规范的日期格式更改为标准日期格式。具体操作方法如下。

Step01：选中包含日期的单元格区域，打开"数据"选项卡，在"数据工具"组中单击"分列"按钮，如图1-45所示。

Step02：系统随即弹出对话框，前2步对话框中的选项均保持默认，直接单击"下一步"按钮，进入第3步对话框，选中"日期"单选按钮，单击"完成"按钮，所选单元格区域中的日期即可被更正为标准日期格式，如图1-46所示。

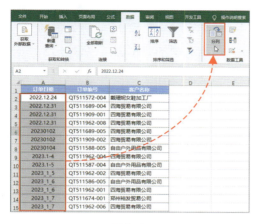

图1-45

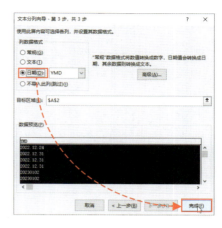

图1-46

1.2.5 清除重复记录

当数据源中包含重复记录时，若用肉眼逐一查找，不仅浪费时间而且容易漏查。此时可使用Excel内置的"删除重复值"功能快速删除重复记录。具体操作方法如下。

首先选中包含重复值的单元格区域（连同标题一起选中），打开"数据"选项卡，在"数据工具"组中单击"删除重复值"按钮。随后将弹出"删除重复值"对话框，在"列"列表框中包含了所选数据源中的所有列标题，将不需要排查重复值的列取消勾选，此处取消"序号"复选框的勾选，单击"确定"按钮即可删除重复记录，如图1-47所示。

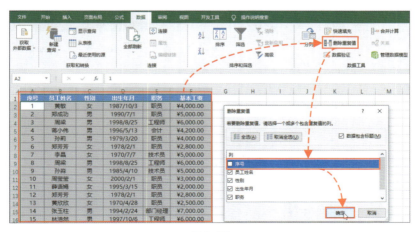

图1-47

1.2.6 清除数据区域内的空行

数据源中的空行会破坏数据源的完整性，当大型的数据源中包含多处空行时，逐一删除这些空行效率很低，此时可以将所有空行全部选中然后批量删除。具体操作方法如下。

Step01: 选中包含空白行的数据源区域，打开"数据"选项卡，在"排序和筛选"组中单击"筛选"按钮，将数据源切换到筛选模式，如图1-48所示。

Step02: 此时数据源中的每个标题单元格内均显示下拉按钮，单击任意标题中的下拉按钮，在下拉列表中取消"全选"复选框的勾选，只勾选最底部的"空白"复选框，随后单击"确定"按钮，如图1-49所示。

图1-48

图1-49

Step03: 数据源中的所有空行随即被筛选出来，选中所有空行并在选中的空行上右击，在弹出的菜单中选择"删除行"选项，即可删除所有空行，如图1-50所示。

Step04: 打开"数据"选项卡，在"排序和筛选"组中单击"清除"按钮，让被隐藏的数据重新显示即可，如图1-51所示。

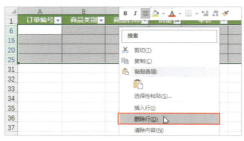
图1-50

图1-51

1.2.7 处理空白单元格

在数据源中空白单元格代表着数据的缺失，在数据统计和分析时会带来一定的麻烦，用户需要根据实际情况对数据源中的空白单元格进行处理。

（1）删除空白单元格所在的行

若数据源中的空白单元格造成无效信息，则可将包含空白单元格的行或列删除，以起到清除无效数据的目的，例如删除"商品名称"缺失的整行记录。具体操作方法如下。

Step01： 选中包含数据源的单元格区域，按**Ctrl+G**组合键，打开"定位"对话框，单击"定位条件"按钮，如图1-52所示。

Step02： 打开"定位条件"对话框，选择"空值"单选按钮，单击"确定"按钮，关闭对话框，如图1-53所示。

图1-52

图1-53

Step03： 此时数据源中的所有空白单元格随即被选中，右击任意一个被选中的单元格，在弹出的菜单中选择"删除"选项，如图1-54所示。

Step04： 打开"删除文档"对话框，选择"整行"单选按钮，最后单击"确定"按钮，即可将包含空白单元格的行全部删除，如图1-55所示。

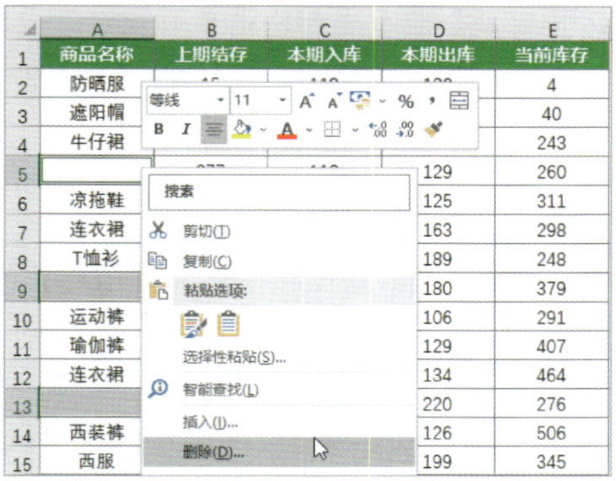

图1-54

图1-55

（2）批量填充空白单元格

在制作表格时一些应填入"0"的单元格空着会形成大量空白单元格。在 Excel 中空白单元格并不能和"0"值画等号，因为在很多统计中"0"值参与计算，而空白单元格则无法被统计，所以当表格中存在大量此类空白单元格时，应该用"0"填充。

例如对库存数据为空的单元格批量填充数字"0"。具体操作方法如下。

Step01: 参照"（1）删除空白单元格所在的行"中所述方法，先定位数据源中的空白单元格，如图1-56所示。

Step02: 定位空白单元格后直接输入"0"，接着按 Ctrl+Enter 组合键，即可在所有空白单元格中批量录入"0"，如图1-57所示。

	A	B	C	D	E
1	商品名称	上期结存	本期入库	本期出库	库存
2	防晒服	15	119		134
3	遮阳帽	20	120	100	40
4	牛仔裙		194	158	36
5	背带裤	277	112	129	260
6	凉拖鞋	304		125	179
7	连衣裙	341	120	163	298
8	T恤衫	288		189	99
9	打底衫	370	189	180	379
10	运动裤	287	110		397
11	瑜伽裤	393	143	129	407
12	连衣裙	498		134	364
13	运动衫	347	149	220	276
14	西装裤		194	126	68
15	西服	439	105	199	345

图1-56

	A	B	C	D	E
1	商品名称	上期结存	本期入库	本期出库	库存
2	防晒服	15	119	0	134
3	遮阳帽	20	120	100	40
4	牛仔裙	0	194	158	36
5	背带裤	277	112	129	260
6	凉拖鞋	304	0	125	179
7	连衣裙	341	120	163	298
8	T恤衫	288	0	189	99
9	打底衫	370	189	180	379
10	运动裤	287	110	0	397
11	瑜伽裤	393	143	129	407
12	连衣裙	498	0	134	364
13	运动衫	347	149	220	276
14	西装裤	0	194	126	68
15	西服	439	105	199	345

图1-57

1.3 数据的格式化加工

为数据表中的数据设置格式，在美化数据表的同时也能够让表格中的数据更易读。下面将详细介绍字体格式、数字格式、数据对齐方式等设置方法。

1.3.1 设置数据字体格式

设置合适的字体格式可以让表格看起来更美观。字体格式的设置一般包括字体、字号、字体颜色、字体效果的设置，在 Excel 中可以通过功能区命令或对话框两种方法设置字体格式。

（1）通过功能区命令设置字体格式

在"开始"选项卡中的"字体"组内包含了各种按钮及选项，用户可通过这些按钮或选项设置所选单元格或单元格区域内数据的字体格式，如图1-58所示。

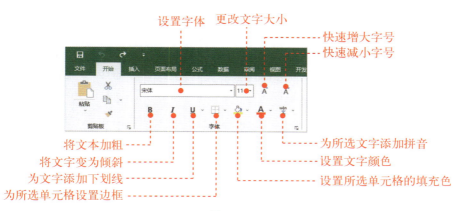

设置字体　更改文字大小　　快速增大字号　快速减小字号

将文本加粗
将文字变为倾斜
为文字添加下划线
为所选单元格设置边框

为所选文字添加拼音
设置文字颜色
设置所选单元格的填充色

图1-58

（2）通过"设置单元格格式"对话框设置字体格式

选中需要设置字体格式的单元格或单元格区域，按Ctrl+1组合键（或单击"开始"选项卡"字体"组右下角的"对话框启动器"按钮），打开"设置单元格格式"对话框，在"字体"选项卡中也可设置字体、字形、字号、为文字添加下划线、更改字体颜色、设置上标或下标等，如图1-59所示。

Ctrl+1

图1-59

操作提示

Excel功能区中每个选项卡内均包含了若干个组，每个组中又包含了具有同类功能的按钮或选项。有些组的右下角会显示□按钮，该按钮即为"对话框启动器"按钮，单击该按钮可打开与当前组相关的对话框或窗格，如图1-60所示。

图1-60

1.3.2　设置数据的对齐方式

Excel表格中常见的数据对齐方式包括左对齐、居中、右对齐、顶端对齐、垂直居中和底端对齐六种，默认情况下文本型数据自动左对齐，而数值型数据自动右对齐。用户可以根据需要重新设置数据的对齐方式。用户可以通过选项卡中的命令按钮或对话框来设置对齐方式。

（1）通过功能区命令设置对齐方式

打开"开始"选项卡，在"对齐方式"组中即可调用命令或选项设置所选区域中数据的对齐方式，如图1-61所示。

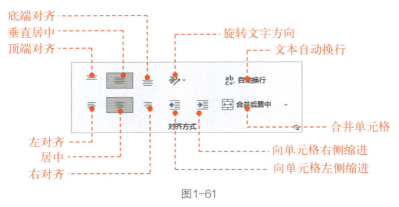

图1-61

（2）通过"设置单元格格式"对话框设置字体格式

按Ctrl+1组合键（或单击"对齐方式"组中的"对话框启动器"按钮）打开"设置单元格格式"对话框，该对话框中包含了更多的水平对齐和垂直对齐方式，如图1-62所示。

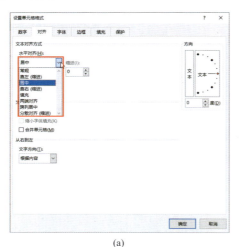

(a)

(b)

图1-62

1.3.3 设置数字格式

表格中的数字可以被设置成不同的格式，以便更准确地表达数据的类型及性质，例如，代表金额的数字可以设置为货币或会计专用格式，表示比例的数字可以设置为百分比格式，不用于计算仅作为文字使用的数字可以设置为文本格式，另外日期和时间也是数值型数据，因此也可以设置格式。下面将介绍几种常用数字格式的设置方法。

（1）设置小数位数

选中包含数值的单元格区域，按Ctrl+1 组合键（或在"开始"选项卡中的"数字"组内单击"对话框启动器"按钮），打开"设置单元格格式"对话框，打开"数字"选项卡，在"分类"组中选择"数值"选项，在"小数位数"文本框中输入要设置的小数位数，单击"确定"按钮，如图1-63所示，所选区域中的数值随即被添加相应的小数位数，如图1-64所示。

| 图1-63 | 图1-64 |

（2）设置货币格式

货币格式带有货币符号和千位分隔符号，选中包含数值的单元格区域，按Ctrl+1 组合键打开"设置单元格格式"对话框，在"数字"选项卡中的"分类"组中选择"货币"选项，设置好"小数位数"及"货币符号"单击"确定"按钮即可将数值设置为货币格式，如图1-65所示。在"分类"列表中选择"会计专用"选项还可以将数值转换成会计专用格式，如图1-66所示。

货币格式与会计专用格式均用于显示货币值，这两种格式看起来很相似，其区别在于货币格式中货币符号紧邻第一位数，可以指定负数的显示方式，如图1-67所示。会计专用格式中货币符号靠单元格左侧对齐，小数点自动对齐，无法更改负数的默认显示方式，如图1-68所示。

图1-65	图1-66

在"设置单元格格式"对话框中，除了可以设置上述数字格式外，还可设置日期、时间、百分比、分数、科学记数、文本、特殊（包括邮政编码、中文小写数字、中文大写数字）等格式，如图1-69所示。

图1-67	图1-68	图1-69

另外，用户也可通过"开始"选项卡的"数字"组内的命令按钮或选项快速设置数字格式，如图1-70所示。

1.3.4 自定义格式

当用户想让数据以内置格式中不包含的格式显示时，可以自定义数字格式。例如，使用自定义格式为数据批量添加单位、设置指定的日期格式、将数据以指定的颜色显示等。

（1）为数据批量添加单位

手动为数值添加单位不便于数据的统计和分析，此时可以使用自定义格式功能为数据批量添加单位，如图1-71所示。

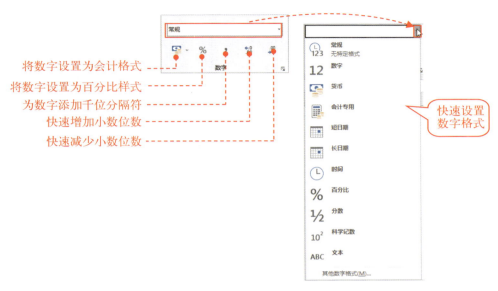

将数字设置为会计格式
将数字设置为百分比样式
为数字添加千位分隔符
快速增加小数位数
快速减少小数位数

快速设置数字格式

图1-70

图1-71

选中需要添加单位的数值所在单元格区域，按Ctrl+1组合键，打开"设置单元格格式"对话框，打开"数字"选项卡，在"分类"组中选择"自定义"选项，此时"类型"文本框中显示"G/通用格式"文本，在该文本之后输入单位"斤"，单击"确定"按钮即可，如图1-72所示。

（2）设置指定的日期格式

下面将通过自定义格式，将"2023年1月1日"的格式设置为"2023.1.1"的格式，如图1-73所示。

图1-72

图1-73

具体操作方法如下。

Step01：选中包含日期的单元格区域，按Ctrl+1组合键，打开"设置单元格格式"对话框。打开"数字"选项卡，在"分类"组中选择"日期"选项，在"类型"组中选择一种和目标格式相似的格式，此处选择"2012-03-14"选项，如图1-74所示。

Step02：在"分类"列表中选择"自定义"选项，此时"类型"文本框中显示所选日期格式的代码为"yyyy-mm-dd；@"，如图1-75所示。

图1-74　　　　　　　　　　　图1-75

Step03： 将格式代码修改为"yyyy.m.d;@"，单击"确定"按钮，即可完成更改，如图1-76所示。

图1-76

操作提示

日期格式代码中的"y"代表年，"m"代表月，"d"代表日。

【案例实战】 制作商品销售统计表

本章主要对Excel中原始数据的录入和整理进行了详细介绍，包括了解数据类型、常用数据的录入技巧、数据格式的设置，以及数据源的规范整理等。下面将利用所学知识制作一份商品销售统计表。

Step01： 打开Excel工作簿，在空白工作表的第1行输入标题，如图1-77所示。

Step02： 分别在A2和A3单元格中输入数字"1"和"2"，随后选中这两个单元格，将光标移动到单元格区域的右下角，如图1-78所示。

Step03： 光标变成黑色十字形状时，按住鼠标左键向下方拖动，如图1-79所示。

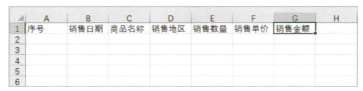

图1-77

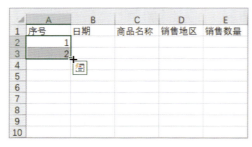

图1-78

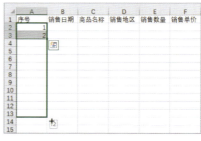

图1-79

Step04： 松开鼠标后单元格区域中随即自动填充序号，如图1-80所示。

Step05： 在表格中输入商品销售的详细信息，如图1-81所示。

图1-80

序号	销售日期	商品名称	销售地区	销售数量	销售单价	销售金额
1	2023/8/1	保险柜	内蒙古	3	3200	
2	2023/8/2	SK05装订机	内蒙古	2	260	
3	2023/8/2	SK05装订机	甘肃	2	260	
4	2023/8/2	名片扫描仪	天津市	4	600	
5	2023/8/4	SK05装订机	四川	2	260	
6	2023/8/4	静音050碎纸机	内蒙古	2	2300	
7	2023/8/6	支票打印机	浙江	2	550	
8	2023/8/6	保险柜	内蒙古	2	3200	
9	2023/8/8	指纹识别考勤机	广东	1	230	
10	2023/8/9	咖啡机	黑龙江	3	450	
11	2023/8/10	多功能一体机	天津市	4	2000	
12	2023/8/15	档案柜	内蒙古	1	1300	
13	2023/8/15	008k点钞机	山东	4	750	
14	2023/8/18	咖啡机	内蒙古	5	450	

图1-81

Step06： 此时可以看到受列宽的限制，C列中有些商品名称无法完整显示。将光标移动到C列列标的右侧边线上，光标变成双向箭头时按住鼠标左键进行拖动调整列宽，如图1-82所示。

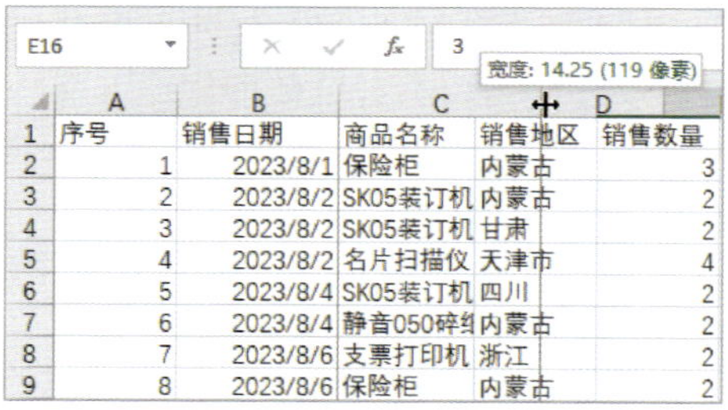

图1-82

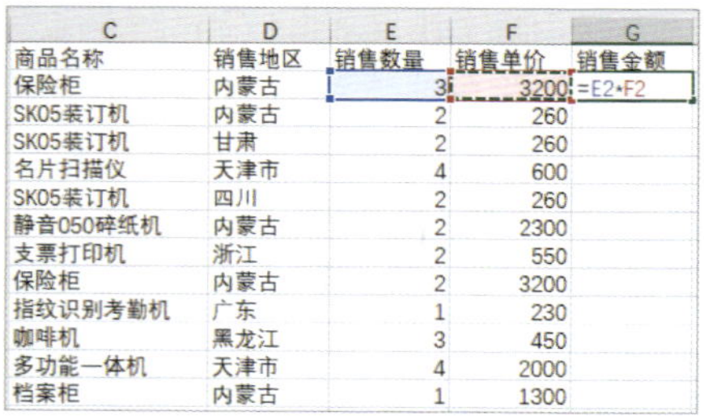

图1-83

Step07: 松开鼠标后C列变宽，该列中的内容可以完整显示。随后选中G2单元格，输入公式"=E2*F2"，随后按下Enter键返回计算结果，如图1-83所示。

Step08: 选中G2单元格，拖动填充柄，将公式向下方填充，如图1-84所示。

Step09: 下方单元格中随即被自动填充公式，并显示出计算结果，如图1-85所示。

图1-84　　　　　　　　　　　　　　　　图1-85

Step10: 选中B列中包含日期的单元格区域，打开"开始"选项卡，单击"数字"选项卡中的"数字格式对话框启动器"按钮，如图1-86所示。

Step11: 弹出"设置单元格格式"对话框，在"数字"选项卡的"分类"组中选择"日期"选项，随后选择类型为"3月14日"，单击"确定"按钮，如图1-87所示。

图1-86　　　　　　　　　　　　　　　　图1-87

Step12: 所选区域中的日期随即变为相应格式。接着在工作表中选择C列中包含商品名称的单元格区域，如图1-88所示。

Step13: 按Ctrl+H组合键，打开"查找和替换"对话框，在"查找内容"文本框中输入小写字母"k"，"替换为"文本框中输入大写字母"A"，单击"选项"按钮，如图1-89所示。

图1-88

图1-89

Step14：对话框中随即显示所有选项，勾选"区分大小写"复选框，单击"全部替换"按钮，如图1-90所示。

Step15：所选区域中所有小写的"k"随即被替换为大写字母"A"，如图1-91所示。

图1-90

图1-91

Step16：选中G列中包含销售金额的单元格区域，打开"开始"选项卡，在"数字"组中单击"数字格式"下拉按钮，在展开的列表中选择"货币"选项，如图1-92所示。

Step17：所选区域中的数字随即被设置成货币格式，如图1-93所示。

图1-92

图1-93

Step18：选中工作表中包含数据的单元格区域，打开"开始"选项卡，在"字体"

组中单击"字体"下拉按钮，设置字体为"微软雅黑"，随后在该组中单击"边框"下拉按钮，在下拉列表中选择"所有框线"选项，为所选单元格区域添加边框，如图1-94所示。

Step19： 选中第1行中包含标题的单元格区域，在"开始"选项卡中的"字体"组内单击"加粗"按钮加粗字体，随后单击"填充颜色"下拉按钮，在下拉列表中选择一种满意的填充色，接着在"对齐方式"组中单击"居中"按钮，将标题文本设置为居中显示，如图1-95所示。

图1-94

图1-95

Step20： 设置表格中其他数据的对齐方式，至此完成商品销售统计表的制作，效果如图1-96所示。

序号	销售日期	商品名称	销售地区	销售数量	销售单价	销售金额
1	8月1日	保险柜	内蒙古	3	3200	¥9,600.00
2	8月2日	SK05装订机	内蒙古	2	260	¥520.00
3	8月2日	SK05装订机	甘肃	2	260	¥520.00
4	8月2日	名片扫描仪	天津市	4	600	¥2,400.00
5	8月4日	SK05装订机	四川	2	260	¥520.00
6	8月4日	静音050碎纸机	内蒙古	2	2300	¥4,600.00
7	8月6日	支票打印机	浙江	2	550	¥1,100.00
8	8月6日	保险柜	内蒙古	2	3200	¥6,400.00
9	8月8日	指纹识别考勤机	广东	1	230	¥230.00
10	8月9日	咖啡机	黑龙江	3	450	¥1,350.00
11	8月10日	多功能一体机	天津市	4	2000	¥8,000.00
12	8月15日	档案柜	内蒙古	1	1300	¥1,300.00
13	8月15日	008A点钞机	山东	4	750	¥3,000.00
14	8月18日	咖啡机	内蒙古	5	450	¥2,250.00
15	8月25日	多功能一体机	天津市	3	2000	¥6,000.00
16	8月25日	SK05装订机	内蒙古	4	260	¥1,040.00
17	8月27日	静音050碎纸机	广东	3	2300	¥6,900.00
18	8月28日	M66超清投影仪	黑龙江	4	2800	¥11,200.00
19	8月28日	指纹识别考勤机	内蒙古	4	230	¥920.00
20	8月31日	008A点钞机	浙江	5	750	¥3,750.00

图1-96

第2章

数据的计算和常规分析

　　将Excel中的数据源整理好以后还可以对这些数据进行统计和分析。本章内容将对常用函数以及数据分析方法进行详细介绍。

扫码看本章视频

2.1 用函数解决实际工作问题

Excel中的函数其实是一种预定的公式，每个函数根据特定的顺序或结构进行计算，使用函数能够有效简化和缩短公式。下面将对常用函数的使用方法进行详细介绍。

2.1.1 数据求和

求和是数据统计时常用的计算方式，用户可以使用SUM函数对数据进行求和，或使用Excel提供的"自动求和"功能快速求和。下面将以统计"金额"列中的所有数值的和为例进行详细介绍。

（1）自动求和

Step01：选中要输入求和公式的单元格，打开"公式"选项卡，在"函数库"组中单击"自动求和"下拉按钮，在下拉列表中选择"求和"选项，如图2-1所示。

Step02：所选单元格中随即自动输入求和公式，按Enter键即可返回求和结果，如图2-2所示。

图2-1   图2-2

（2）使用SUM函数求和

SUM函数可以计算单元格区域中所有数值的和。SUM函数最少需要设置1个参数，最多能设置255个参数，参数类型可以是单元格、单元格区域、数字常量等，如果设置多个参数，每个参数之间用逗号分隔。

当需要对一个连续区域的单元格内的值进行求和时，只需将这个区域设置成SUM函数的参数即可，例如统计3个季度的合计销量。

选中F2单元格，输入公式"=SUM(B2:D5)"，公式输入完成后按Enter键返回计算结果，如图 2-3 所示。

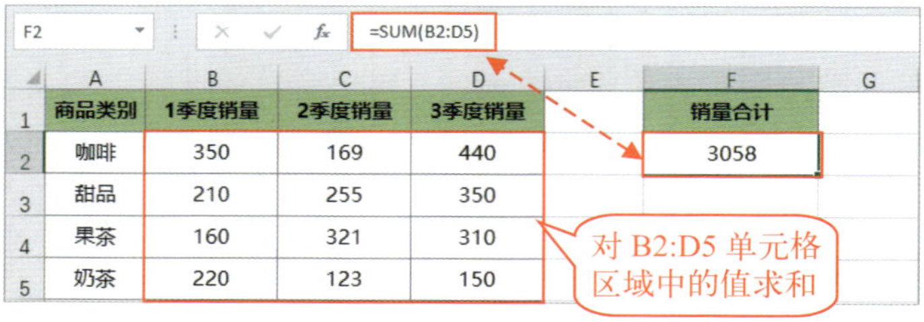

图2-3

若需要对多个单元格区域中的值求和，可以将这些单元格区域分别设置为 SUM 函数的参数，每个参数之间用逗号分隔。例如对销售报表中 3 个季度的销售金额进行求和。

选中 C8 单元格，输入公式"=SUM(C3:C6，E3:E6，G3:G6)"，公式输入完成后按 Enter 键，即可统计出 3 个区域中数值的和，如图 2-4 所示。

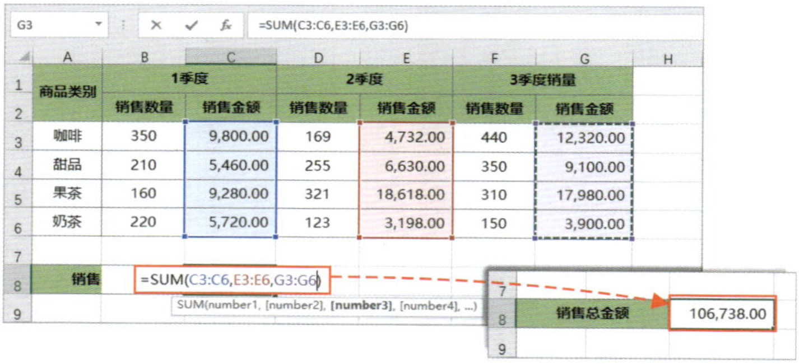

图2-4

2.1.2 对满足条件的数据求和

SUMIF 函数可以对指定区域中符合某个特定条件的值求和。该函数有 3 个参数，第 1 个参数表示用于条件判断的单元格区域，第 2 个参数表示求和的条件，第 3 个参数表示求和的实际区域。下面将使用 SUMIF 函数统计指定产品的出库数量总和。

（1）根据指定条件求和

Step01： 选择要输入公式的单元格，此处选择 H2 单元格，单击编辑栏左侧的"插入函数"按钮（或按 Shift+F3 组合键），如图 2-5 所示。

Step02： 弹出"插入函数"对话框，选择函数类别为"数学与三角函数"，随后在"选择函数"列表中选择"SUMIF"选项，单击"确定"按钮，如图 2-6 所示。

Step03： 在随后弹出的"函数参数"对话框中依次设置参数为"C2:C15""""儿童

书桌""""D2:D15",单击"确定"按钮,如图2-7所示。

	A	B	C	D	E	F	G	H	I
1	出库日期	出库编号	产品名称	出库数量	剩余库存		产品名称	出库数量	
2	2023/5/1	M02311023	儿童书桌	4	43		儿童书桌		
3	2023/5/1	M02311030	儿童书桌	4	39				
4	2023/5/9	M02311009	组合书柜	3	24				
5	2023/5/9	M02311010	中式餐桌	3	18				
6	2023/5/10	M02311005	儿童椅	2	47				
7	2023/5/10	M02311002	中式餐桌	1	17				
8	2023/5/10	M02311028	现代餐桌	2	22				
9	2023/5/12	M02311017	组合书柜	4	20				
10	2023/5/13	M02311029	儿童椅	3	44				
11	2023/5/13	M02311014	儿童书桌	3	36				
12	2023/5/13	M02311031	电脑桌	4	17				
13	2023/5/14	M02311023	电脑桌	3	14				
14	2023/5/15	M02311007	电脑桌	3	11				
15	2023/5/15	M02311013	儿童椅	1	45				

图2-5

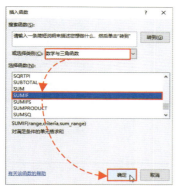

图2-6

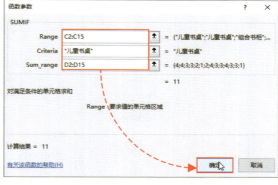

图2-7

Step04: 返回工作表,此时H2单元格中已经返回了所有产品名称为"儿童书桌"的出库数量总和,在编辑栏中可以查看到完整的公式,如图2-8所示。

H2 公式: =SUMIF(C2:C15,"儿童书桌",D2:D15)

	A	B	C	D	E	F	G	H	I
1	出库日期	出库编号	产品名称	出库数量	剩余库存		产品名称	出库数量	
2	2023/5/1	M02311023	儿童书桌	4	43		儿童书桌	11	
3	2023/5/1	M02311030	儿童书桌	4	39				
4	2023/5/9	M02311009	组合书柜	3	24				
5	2023/5/9	M02311010	中式餐桌	3	18				
6	2023/5/10	M02311005	儿童椅	2	47				
7	2023/5/10	M02311002	中式餐桌	1	17				
8	2023/5/10	M02311028	现代餐桌	2	22				
9	2023/5/12	M02311017	组合书柜	4	20				
10	2023/5/13	M02311029	儿童椅	3	44				
11	2023/5/13	M02311014	儿童书桌	3	36				
12	2023/5/13	M02311031	电脑桌	4	17				
13	2023/5/14	M02311023	电脑桌	3	14				
14	2023/5/15	M02311007	电脑桌	3	11				
15	2023/5/15	M02311013	儿童椅	1	45				

图2-8

注意事项

在Excel中设置函数的参数时应注意，文本类型的参数必须输入在英文状态的双引号中，否则公式将返回错误值。当手动录入公式时，文本参数外面的双引号需要手动输入，而在"函数参数"对话框中，系统则会自动为文本型参数添加双引号。

（2）根据模糊匹配条件求和

SUMIF函数也可使用通配符设置查找条件，模糊查找要求和的数据。例如计算包含"儿童"两个字的产品出库数量之和。

Step01： 选中要输入公式的单元格，单击编辑栏左侧的"插入函数"按钮（或按Shift+F3组合键），打开"插入函数"对话框，选择函数类别为"数学与三角函数"，随后选择"SUMIF"函数，单击"确定"按钮。

Step02： 弹出"函数参数"对话框，依次设置参数为"C2:C15""*儿童*"" "D2:D15"，单击"确定"按钮，如图2-9所示。

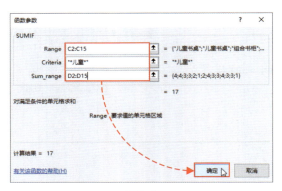

图2-9

Step03： 所选单元格中随即返回求和结果，在编辑栏中可以查看到完整的公式，如图2-10所示。

出库日期	出库编号	产品名称	出库数量	剩余库存		包含"儿童"两个字的产品，出库数量之和
2023/5/1	M02311023	儿童书桌	4	43		17
2023/5/1	M02311030	儿童书桌	4	39		
2023/5/9	M02311009	组合书柜	3	24		
2023/5/9	M02311010	中式餐桌	3	18		
2023/5/10	M02311005	儿童椅	2	47		
2023/5/10	M02311002	中式餐桌	1	17		
2023/5/10	M02311028	现代餐桌	2	22		
2023/5/12	M02311017	组合书柜	4	20		
2023/5/13	M02311029	儿童椅	3	44		
2023/5/13	M02311014	儿童书桌	3	36		
2023/5/13	M02311031	电脑桌	4	17		
2023/5/14	M02311023	电脑桌	3	14		
2023/5/15	M02311007	电脑桌	3	11		
2023/5/15	M02311013	儿童椅	1	45		

公式栏：=SUMIF(C2:C15,"*儿童*",D2:D15)

图2-10

操作提示

公式中所设置的求和条件为“*儿童*”，儿童两个字前后的“*”是通配符，代表任意数量的字符。除了“*”以外，Excel中常用的通配符还包括“?”，表示任意的一个字符。

2.1.3 统计数量

COUNT函数用于统计单元格区域中包含数字的单元格数目。下面将使用COUNT函数统计实际参加考试的人数。

选中D16单元格，输入公式“=COUNT(D2:D15)”，如图2-11所示。按下Enter键即可统计出D2:D15单元格区域中包含数字的单元格数量，即实际参加考试的人数，如图2-12所示。

D2　=COUNT(D2:D15)

	A	B	C	D	E
1	考号	考场号	姓名	成绩	
2	112001	5	丽丽	65	
3	112002	5	高霞	73	
4	112003	5	王琛明	62	
5	112004	5	刘丽英	82	
6	112005	6	赵梅	缺考	
7	112006	6	王博	65	
8	112007	6	胡一统	31	
9	112008	6	赵甜	90	
10	112009	6	马明	86	
11	112010	7	叮铃	69	
12	112011	7	程明阳	57	
13	112012	7	刘国庆	缺考	
14	112013	7	胡海	62	
15	112014	7	李江	83	
16	实际参考人数			=COUNT(D2:D15)	

图2-11

D16　=COUNT(D2:D15)

	A	B	C	D	E
1	考号	考场号	姓名	成绩	
2	112001	5	丽丽	65	
3	112002	5	高霞	73	
4	112003	5	王琛明	62	
5	112004	5	刘丽英	82	
6	112005	6	赵梅	缺考	
7	112006	6	王博	65	
8	112007	6	胡一统	31	
9	112008	6	赵甜	90	
10	112009	6	马明	86	
11	112010	7	叮铃	69	
12	112011	7	程明阳	57	
13	112012	7	刘国庆	缺考	
14	112013	7	胡海	62	
15	112014	7	李江	83	
16	实际参考人数			12	

图2-12

2.1.4 对满足条件的数据统计数量

COUNTIF函数用于计算某个区域中满足指定条件的单元格数目。该函数有2个参数，第1个参数表示要计算其中满足条件的单元格数目的区域，第2个参数表示统计条件。

（1）根据给定条件统计数目

下面将使用COUNTIF函数统计指定部门的人数。

Step01: 选中F2单元格，输入公式“=COUNTIF($B$2:$B$10，E2)”，随后按下Enter键返回统计结果，如图2-13所示。

Step02: 再次选中 F2 单元格，将光标移动到单元格右下角，向下拖动填充柄，拖动至 F6 单元格时松开鼠标，即可统计出其他部门的人数，如图 2-14 所示。

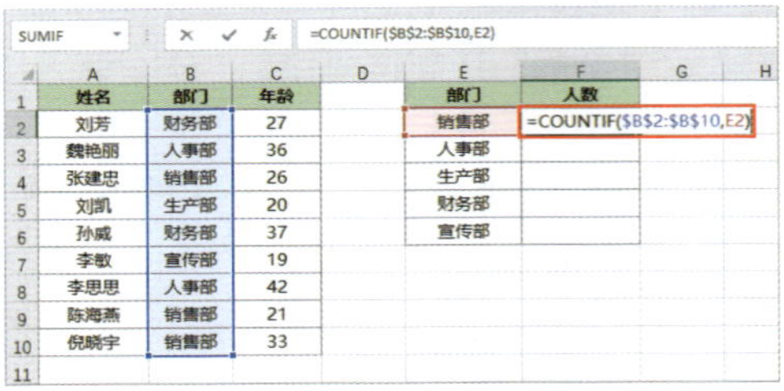

图 2-13

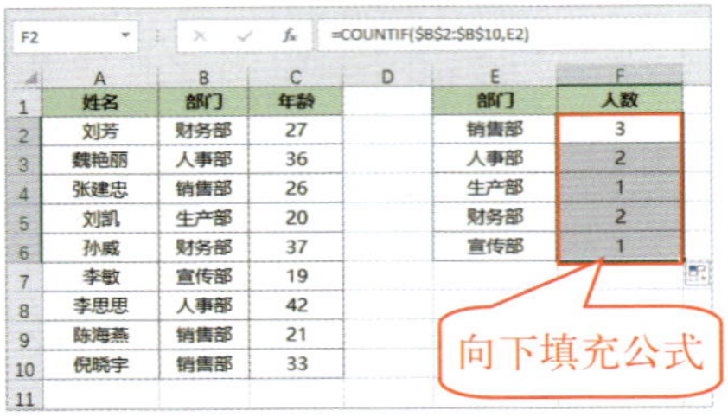

图 2-14

向下填充公式

操作提示

　　本例公式中第 1 个参数的单元格区域使用的是绝对引用，绝对引用的单元格区域不会随着公式位置的变化发生更改，从而保证公式在被填充后，对部门区域的引用"B2:B10 单元格区域"不变。第 2 个参数使用相对引用则是为了在填充公式时自动引用要统计人数的部门所在单元格。

　　（2）根据比较条件统计数目

　　COUNTIF 函数也可设置模糊匹配条件或比较条件，下面将介绍如何设置比较条件用于统计年龄大于 30 的人数。

　　选择 E2 单元格，输入公式"=COUNTIF(C2:C10，"＞30")"，随后按下 Enter 键即可统计出符合条件的人数，如图 2-15 所示。

图 2-15

2.1.5　求最大值和最小值

　　使用 MAX 函数可以提取单元格区域中的最大值，使用 MIN 函数可以提取单元格区域中的最小值。这两个函数的使用方法基本相同，参数的设置方法也很简单。下面将以提取考生成绩中的最高分和最低分为例分别介绍这两个函数的用法。

Step01：选中F1单元格，输入公式“=MAX(C2:C13)”，按下Enter键即可从C2:C13单元格区域中提取出最大值，即最高分数，如图2-16所示。

Step02：选中F2单元格，输入公式“=MIN(C2:C13)”，按下Enter键即可从C2:C13单元格区域中提取出最小值，即最低分数，如图2-17所示。

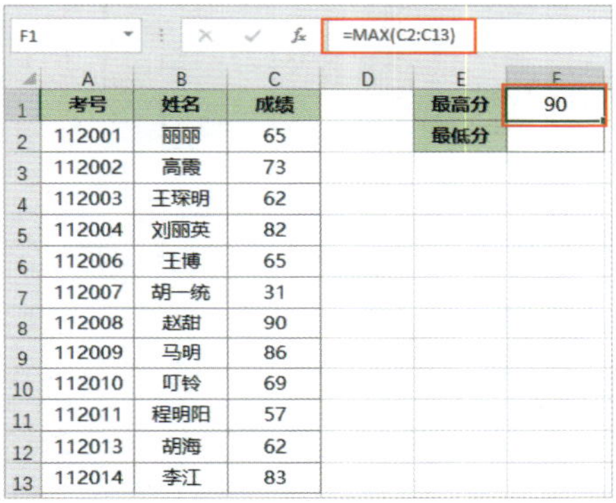
F1 =MAX(C2:C13)

	A	B	C	D	E	F
1	考号	姓名	成绩		最高分	90
2	112001	丽丽	65		最低分	
3	112002	高霞	73			
4	112003	王琛明	62			
5	112004	刘丽英	82			
6	112006	王博	65			
7	112007	胡一统	31			
8	112008	赵甜	90			
9	112009	马明	86			
10	112010	叮铃	69			
11	112011	程明阳	57			
12	112013	胡海	62			
13	112014	李江	83			

图2-16

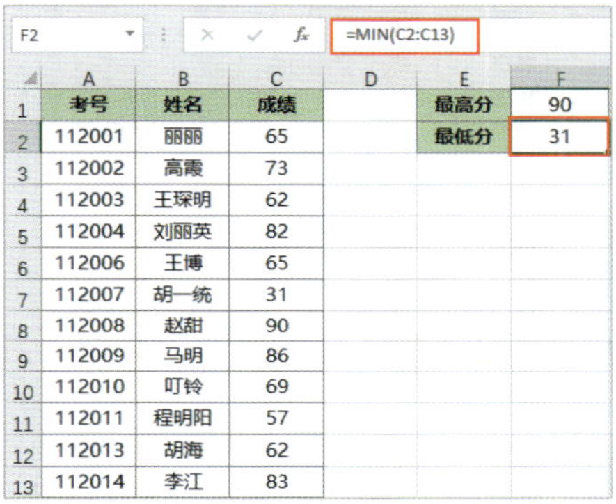
F2 =MIN(C2:C13)

	A	B	C	D	E	F
1	考号	姓名	成绩		最高分	90
2	112001	丽丽	65		最低分	31
3	112002	高霞	73			
4	112003	王琛明	62			
5	112004	刘丽英	82			
6	112006	王博	65			
7	112007	胡一统	31			
8	112008	赵甜	90			
9	112009	马明	86			
10	112010	叮铃	69			
11	112011	程明阳	57			
12	112013	胡海	62			
13	112014	李江	83			

图2-17

操作提示

若需要从多个区域中提取最大值或最小值，可以将多个区域设置为MAX或MIN函数的参数，每个区域之间用逗号分隔开。

2.1.6 数据排名

RANK函数用于求指定数值在一组数值中的排名。该函数有3个参数，第1个参数表示要进行排名的数值，第2个参数表示要排名的数据所在区域，第3个参数表示排序的方式。第3个参数为“0”或忽略时按降序排序，即数字越大，排名结果值越小；第3个参数为非零值时（通常设置为数字“1”）按升序排序，即数字越大，排名结果值也越大。下面将对销售业绩值进行排名。

Step01：选中D2单元格，输入公式“=RANK(C2，$C$2:$C$11，0)”，按下Enter键返回第1个销售业绩值的排名数字，如图2-18所示。

Step02：将D2单元格中的公式向下方填充，即可得到其他销售业绩的排名，如图2-19所示。

D2 =RANK(C2,$C$2:$C$11,0)

	A	B	C	D	E
1	姓名	性别	销售业绩	排名	
2	张东	男	77	2	
3	万晓	女	68		
4	李斯	男	32		
5	刘冬	男	45		
6	郑丽	女	72		
7	马伟	男	68		
8	孙丹	女	15		
9	蒋钦	男	98		
10	钱亮	男	43		
11	丁茜	女	50		

图2-18

D2 =RANK(C2,$C$2:$C$11,0)

	A	B	C	D	E
1	姓名	性别	销售业绩	排名	
2	张东	男	77	2	
3	万晓	女	68	4	
4	李斯	男	32	9	
5	刘冬	男	45	7	
6	郑丽	女	72	3	
7	马伟	男	68	4	
8	孙丹	女	15	10	
9	蒋钦	男	98	1	
10	钱亮	男	43	8	
11	丁茜	女	50	6	

图2-19

2.1.7 替换文本

SUBSTITUTE函数可以将查找到的字符串替换为另一个字符串。如果有多个查找字符串时，则指定替换第几次出现的字符串。SUBSTITUTE有4个参数。第1个参数表示要替换其中字符的字符串，第2个参数表示被替换的字符，第3个参数表示要替换的新字符，第4个参数表示替换第几处。第4个参数为可选参数，当字符串中包含多个要替换的字符时，用来指定替换第几处的字符。

下面将使用SUBSTITUTE函数将产品型号中第2处“Y”替换为“D”。

Step01：选择C2单元格，输入公式“=SUBSTITUTE(B2，"Y"，"D"，2)”，按Enter键返回替换结果，此时第一个产品型号中的第2个“Y”即被替换为了“D”，如图2-20所示。

Step02：将C2单元格中的公式向下方填充，完成其他产品型号的字符替换，如图2-21所示。

C2 =SUBSTITUTE(B2,"Y","D",2)

	A	B	C
1	产品名称	产品型号	替换
2	产品1	YH-0214491Y	YH-0214491D
3	产品2	YHD-0214492Y	
4	产品3	YH-Y021493	
5	产品4	YH-0214Y	
6	产品5	YH-Y02149	
7	产品6	YHD-Y0211496	

图2-20

C2 =SUBSTITUTE(B2,"Y","D",2)

	A	B	C
1	产品名称	产品型号	替换
2	产品1	YH-0214491Y	YH-0214491D
3	产品2	YHD-0214492Y	YHD-0214492D
4	产品3	YH-Y021493	YH-D021493
5	产品4	YH-0214Y	YH-0214D
6	产品5	YH-Y02149	YH-D02149
7	产品6	YHD-Y0211496	YHD-D0211496

图2-21

操作提示

若忽略SUBSTITUTE函数的第4个参数，则默认替换字符串中出现的所有指定值，如图2-22所示。

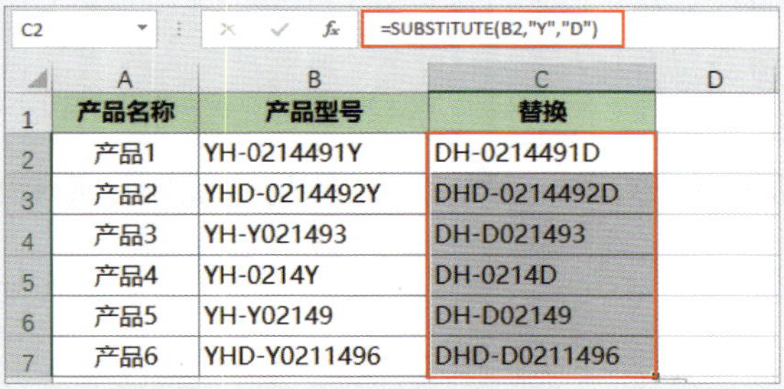

C2　=SUBSTITUTE(B2,"Y","D")

	A	B	C	D
1	产品名称	产品型号	替换	
2	产品1	YH-0214491Y	DH-0214491D	
3	产品2	YHD-0214492Y	DHD-0214492D	
4	产品3	YH-Y021493	DH-D021493	
5	产品4	YH-0214Y	DH-0214D	
6	产品5	YH-Y02149	DH-D02149	
7	产品6	YHD-Y0211496	DHD-D0211496	

图2-22

2.1.8 计算两个日期的间隔天数

DAYS函数可以计算两个日期的间隔天数。DAYS函数有2个参数，第1个参数表示终止日期，第2个参数表示开始日期。下面将根据项目的开始日期和结束日期计算项目历时总天数。

Step01：选中D2单元格，输入公式“=DAYS(C2，B2)”，如图2-23所示，随后按Enter键返回计算结果。

Step02：将D2单元格中的公式向下方填充，计算出其他项目开始日期和结束日期的间隔天数，如图2-24所示。

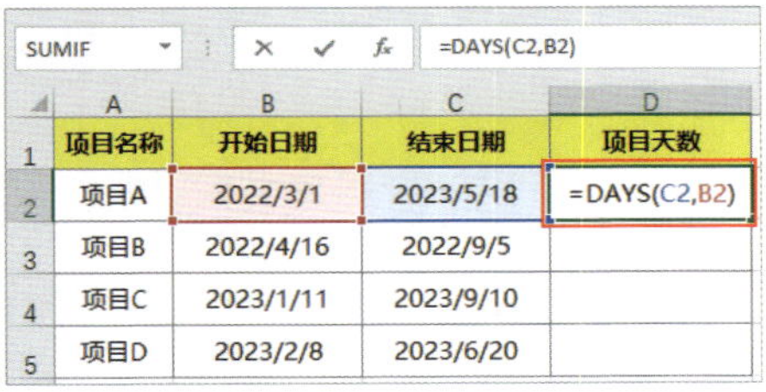

SUMIF　=DAYS(C2,B2)

	A	B	C	D
1	项目名称	开始日期	结束日期	项目天数
2	项目A	2022/3/1	2023/5/18	=DAYS(C2,B2)
3	项目B	2022/4/16	2022/9/5	
4	项目C	2023/1/11	2023/9/10	
5	项目D	2023/2/8	2023/6/20	

图2-23

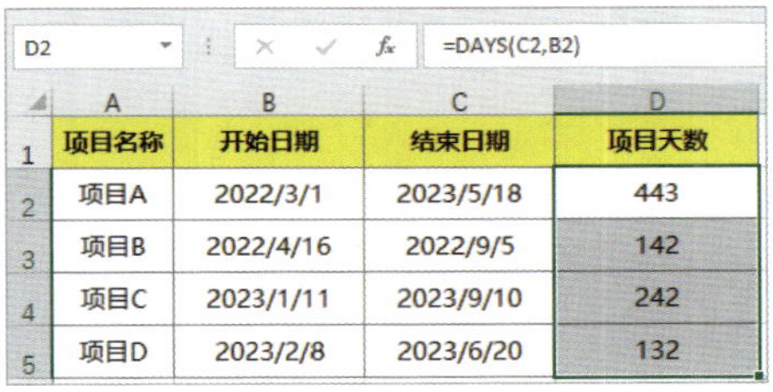

D2　=DAYS(C2,B2)

	A	B	C	D
1	项目名称	开始日期	结束日期	项目天数
2	项目A	2022/3/1	2023/5/18	443
3	项目B	2022/4/16	2022/9/5	142
4	项目C	2023/1/11	2023/9/10	242
5	项目D	2023/2/8	2023/6/20	132

图2-24

2.1.9 使用VLOOKUP函数查找数据

VLOOKUP函数可以在表格或数值组的首列查找指定的数值，并由此返回表格或数组当前行中指定列处的数值。

VLOOKUP函数有4个参数。第1个参数表示要查找的值，第2个参数表示查找范围（数据表），第3个参数表示序列号（返回值在数据表的第几列），第4个参数表示查找方式（精确查找用FALSE，模糊查找用TRUE）。

下面将根据给定的员工姓名查询对应的销量。由于VLOOKUP函数的参数较多，若对每个参数不够熟悉，可以在"函数参数"对话框中设置参数。

Step01： 选中H2单元格，打开"公式"选项卡，在"函数库"组中单击"查找与引用"下拉按钮，在下拉列表中选择"VLOOKUP"选项，如图2-25所示。

图2-25

Step02： 弹出"函数参数"对话框，依次设置参数为"G2""C2:E11""3""FALSE"，单击"确定"按钮，关闭对话框，如图2-26所示。

Step03： H2单元格中随即返回查询结果，如图2-27所示。

图2-26

图2-27

注意事项

要查询的内容必须在第2个参数所指定的查询表的首列，否则将返回#N/A错误。

2.1.10　判断成绩是否及格并自动生成评语

IF 函数可以判断一个条件是否成立，条件成立时返回一个值，条件不成立时返回另外一个值。IF 函数包含 3 个参数，参数的关系如图 2-28 所示。

下面举一个简单的例子说明 IF 函数的用法。假设表达式为"1＞2"，可以编写公式"=IF(1＞2，"正确"，"错误")"，由于"1＞2"这个表达式不成立，判断结果为FALSE，所以公式返回第 3 个参数给出的值"错误"。

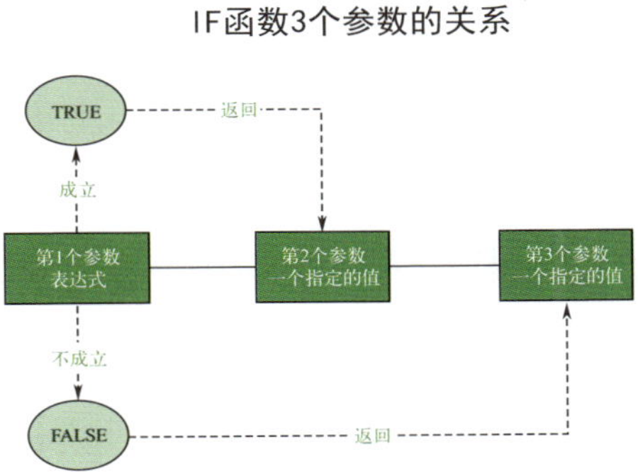

IF 函数 3 个参数的关系

图2-28

（1）判断考试成绩是否及格

下面将使用 IF 函数判断考生的成绩是否及格，低于 60 分返回"不及格"，大于等于 60 分返回"及格"

选择 D2 单元格，输入公式"=IF(C2＞=60，"及格"，"不及格")"，按下 Enter 键返回判断结果，随后将 D2 单元格中的公式向下方填充即可判断出所有成绩是否及格，如图 2-29 所示。

	A	B	C	D	E
	姓名	性别	成绩	是否及格	评语
2	张东	男	60	及格	
3	万晓	女	68	及格	
4	李斯	男	32	不及格	
5	刘冬	男	45	不及格	
6	郑丽	女	72	及格	
7	马伟	男	68	及格	
8	孙丹	女	80	及格	
9	蒋钦	男	98	及格	
10	钱亮	男	43	不及格	
11	丁茜	女	50	不及格	

图2-29

（2）根据成绩自动生成评语

IF 函数循环嵌套可实现多重判断，下面将利用这一特质根据考试成绩自动输入评语。要求成绩小于 60 返回评语"还需努力，争取后来者居上"，成绩大于等于 60 且小于 80 返回评语"加油拼搏，你会取得更大的进步"，大于等于 80 返回评语"继续保持，再接再厉"。

根据要求可以先进行第一次判断，即成绩是否小于 60，若条件成立则返回对应评语，若不成立就需要继续判断成绩是否小于 80，若条件成立则返回对应评语，若不成立则继续判断成绩是否大于等于 80。由于只对成绩做了 3 个分段，若前两个表达式均不成立，则最后一个表达式肯定是成立的，公式可直接返回对应评语，条件的分解过程如图2-30所示。

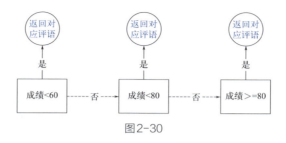

图2-30

下面将用IF函数编写嵌套公式自动生成评语。

选择E2单元格，输入公式"=IF（C2＜60,"还需努力，争取后来者居上",IF（C2＜80，"加油拼搏，你会取得更大的进步"，"继续保持，再接再厉"))"，按下Enter键返回第一位考生的评语，随后将E2单元格中的公式向下方填充即可返回所有考生的评语，如图2-31所示。

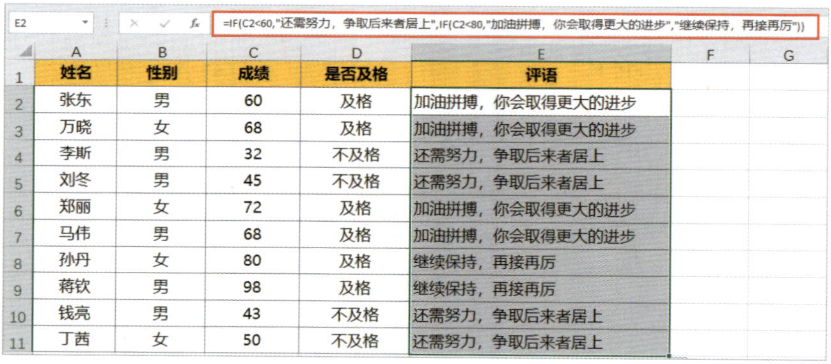

	A	B	C	D	E
1	姓名	性别	成绩	是否及格	评语
2	张东	男	60	及格	加油拼搏，你会取得更大的进步
3	万晓	女	68	及格	加油拼搏，你会取得更大的进步
4	李斯	男	32	不及格	还需努力，争取后来者居上
5	刘冬	男	45	不及格	还需努力，争取后来者居上
6	郑丽	女	72	及格	加油拼搏，你会取得更大的进步
7	马伟	男	68	及格	加油拼搏，你会取得更大的进步
8	孙丹	女	80	及格	继续保持，再接再厉
9	蒋钦	男	98	及格	继续保持，再接再厉
10	钱亮	男	43	不及格	还需努力，争取后来者居上
11	丁茜	女	50	不及格	还需努力，争取后来者居上

E2单元格公式：=IF(C2<60,"还需努力，争取后来者居上",IF(C2<80,"加油拼搏，你会取得更大的进步","继续保持，再接再厉"))

图2-31

操作提示

本例公式中省略了第3个表达式"C2＞=80"。正如上文所述，若前2个表达式均不成立，则只剩下"C2＞=80"一种可能，因此当第2个表达式不成立时，可直接返回第3个表达式对应的评语。

若不省略第3个表达式，则判断公式如下：

=IF(C2＜60，"还需努力，争取后来者居上"，IF(C2＜80，"加油拼搏，你会取得更大的进步"，IF(C2＞=80，"继续保持，再接再厉")))

2.1.11 从身份证号码中提取出生日期和性别

对于公司文员或人事专员来说经常需要处理很多员工信息。例如，在制作员工基本信息表时，需要录入员工的性别、出生日期、年龄等信息，其实这些信息可以从身份证号码中自动提取。下面将介绍具体操作方法。

（1）提取出生日期

身份证号码的第7 ~ 14位代表出生日期，下面将使用MID函数与TEXT函数编写嵌套公式，提取身份证号码中的出生日期。

Step01：选择C2单元格，输入公式"=TEXT(MID(B2,7,8)，"0000-00-00")"，如图2-32所示，随后按Enter键即可提取出身份证号码中的出生日期。

Step02：再次选中C2单元格，将公式向下方填充，提取出其他身份证号码中的出生日期，如图2-33所示。

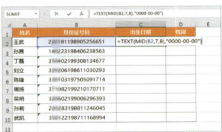

图2-32

图2-33

操作提示

MID和TEXT函数都是文本函数。MID函数可以从字符串的指定位置开始提取指定数量的字符。本例"MID(B2,7,8)"表示从身份证号码的第7位数开始提取，提取出8位数。TEXT函数将提取出的代表出生日期的数字转换为"0000-00-00"格式。

（2）提取性别

身份证号码的第17位数代表性别，奇数代表男性，偶数代表女性。下面将使用MID函数、ISEVEN函数和IF函数从身份证号码中提取性别信息。

Step01：选择D2单元格，输入公式"=IF(ISEVEN(MID(B2，17，1))，"女"，"男")"，按Enter键返回提取结果，如图2-34所示。

Step02：将D2单元格中的公式向下方填充，提取出其他身份证号码的性别，如图2-35所示。

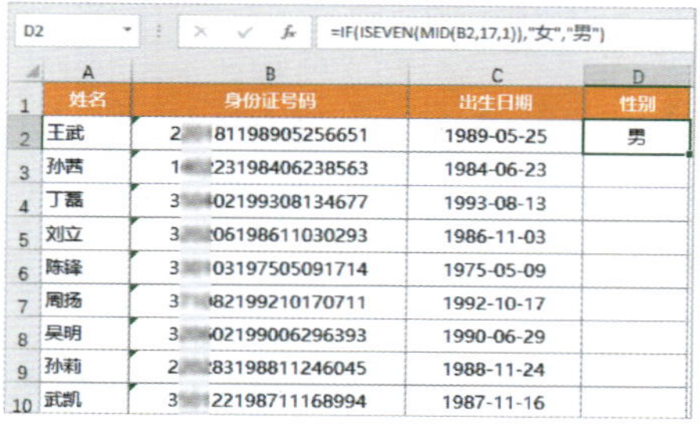

图2-34

图2-35

操作提示

　　ISEVEN 函数是信息函数，作用是判断一个数字是否为偶数，为偶数则返回 TRUE，否则返回 FALSE。本例公式先使用 MID 函数提取出身份证号码的第17位数字，然后用 ISEVEN 函数判断这个数字是否为偶数，最后用 IF 函数将判断结果转换成文本，是偶数返回"女"，否则返回"男"。

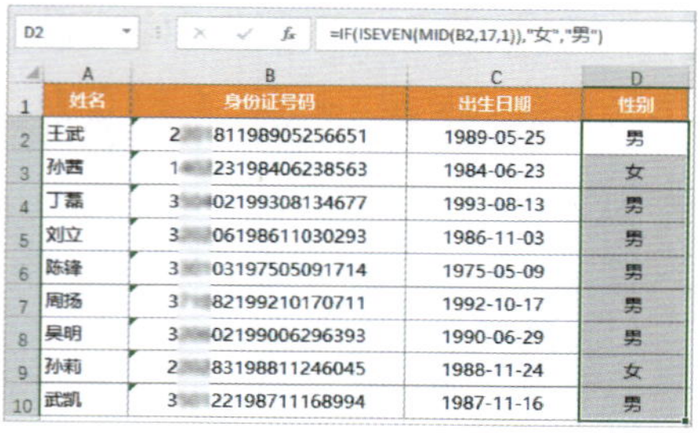

2.1.12　统计不重复商品数量

　　在 Excel 中统计不重复值的数量有很多种方法，下面将使用 COUNTIF 函数与 SUMPRODUCT 函数编写嵌套公式统计产品销售表中不重复的产品名称数量。

　　选中 G2 单元格，输入公式"=SUMPRODUCT(1/COUNTIF(B2:B19，B2:B19))"，按下 Enter 键即可统计出"产品名称"列中不重复的产品数量，如图2-36所示。

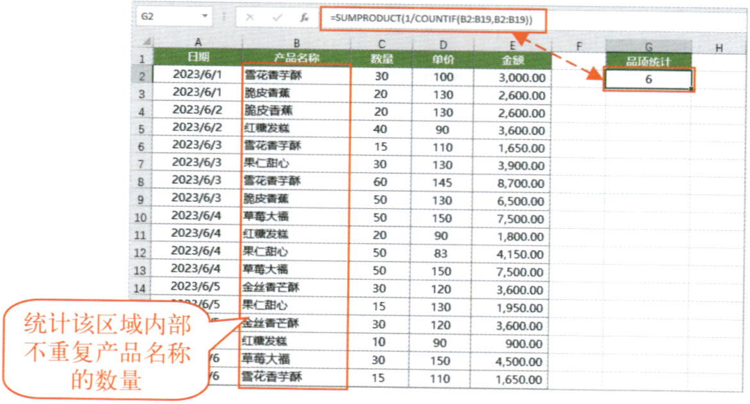

统计该区域内部不重复产品名称的数量

图2-36

　　本例公式使用"COUNTIF(B2:B19，B2:B19)"统计每种产品名称出现的总数量，在公式编辑状态下选中公式中的"COUNTIF(B2:B19，B2:B19)"部分，按 F9 键可以查看到统计结果，如图2-37所示。

```
=SUMPRODUCT(1/{4;3;3;3;4;3;4;3;3;3;3;3;2;3;2;3;3;4})
```

图2-37

对于初学者来说，这个公式可能不太好理解，如果创建辅助列，通过直观的统计结果展示会更容易理解，如图2-38所示。

C2 =COUNTIF($B$2:$B$19,$B$2:$B$19)

	A	B	C	D	E
1	日期	产品名称	辅助1		
2	2023/6/1	雪花香芋酥	4		
3	2023/6/1	脆皮香蕉	3		
4	2023/6/2	脆皮香蕉	3		
5	2023/6/2	红糖发糕	3		
6	2023/6/3	雪花香芋酥	4		
7	2023/6/3	果仁甜心	3		
8	2023/6/3	雪花香芋酥	4		
9	2023/6/3	脆皮香蕉	3		
10	2023/6/4	草莓大福	3		
11	2023/6/4	红糖发糕	3		
12	2023/6/4	果仁甜心	3		
13	2023/6/4	草莓大福	3		
14	2023/6/5	金丝香芒酥	2		
15	2023/6/5	果仁甜心	3		
16	2023/6/5	金丝香芒酥	2		
17	2023/6/6	红糖发糕	3		
18	2023/6/6	草莓大福	3		
19	2023/6/6	雪花香芋酥	4		

统计每个产品名称出现的次数

图2-38

“1/COUNTIF(B2:B19，B2:B19)”将每个产品名称出现的数量转换成相应的小数，例如“雪花香芋酥”共出现了4次，在统计结果中便有4个“4”，用“1”分别除以这4个“4”，会得到4个0.25，如图2-39所示。最终每种产品名称的数值相加都等于1，由此便可统计出不重复的商品数量。SUMPRODUCT函数的作用是对数组中对应元素的乘积求和。

```
=SUMPRODUCT({0.25;0.333333333333333;0.333333333333333;
0.333333333333333;0.25;0.333333333333333;0.25;0.333333333333333;
0.333333333333333;0.333333333333333;0.333333333333333;
0.333333333333333;0.5;0.333333333333333;0.5;0.333333333333333;
0.333333333333333;0.25})
```

图2-39

2.1.13　反向查找数据

前文详细介绍了VLOOKUP函数的应用案例，使用VLOOKUP函数查找数据时，要查询的内容必须在查询表的第一列，否则将无法查询到结果，例如“商品名称”

在最右侧的列中，若要使用VLOOKUP函数根据商品名称查询入库数量，则会返回错误值，如图2-40所示。

H2　=VLOOKUP(G2,A2:E16,3,FALSE)

	A	B	C	D	E	F	G	H
1	入库日期	商品编码	入库数量	商品单价	商品名称		商品名称	入库数量
2	2023/9/1	23344728	10	¥3,500.00	平板电脑		保温杯	#N/A
3	2023/9/1	23202073	15	¥80.00	U型枕			
4	2023/9/1	23337065	2	¥4,500.00	智能手机			
5	2023/9/1	23981266	3	¥880.00	蓝牙音响			
6	2023/9/1	23963073	5	¥180.00	双肩背包			
7	2023/9/1	23260080	3	¥1,900.00	VR眼镜			
8	2023/9/1	23875103	20	¥89.00	零食礼包			
9	2023/9/1	23476602	5	¥59.00	保温杯			
10	2023/9/1	23444710	20	¥20.00	笔记本			
11	2023/9/1	23824324	10	¥80.00	加湿器			
12	2023/9/1	23939012	3	¥120.00	茶具7件套			

图2-40

使用INDEX函数和MATCH函数编写嵌套公式则能够轻松解决VLOOKUP函数无法完成的反向查询操作。

选择H2单元格，输入公式“=INDEX(C2:C16, MATCH(G2, E2:E16, 0))”，按下Enter键即可返回查询结果，如图2-41所示。

H2　=INDEX(C2:C16,MATCH(G2,E2:E16,0))

	A	B	C	D	E	F	G	H
1	入库日期	商品编码	入库数量	商品单价	商品名称		商品名称	入库数量
2	2023/9/1	23344728	10	¥3,500.00	平板电脑		保温杯	5
3	2023/9/1	23202073	15	¥80.00	U型枕			
4	2023/9/1	23337065	2	¥4,500.00	智能手机			
5	2023/9/1	23981266	3	¥880.00	蓝牙音响			
6	2023/9/1	23963073	5	¥180.00	双肩背包			
7	2023/9/1	23260080	3	¥1,900.00	VR眼镜			
8	2023/9/1	23875103	20	¥89.00	零食礼包			
9	2023/9/1	23476602	5	¥59.00	保温杯			
10	2023/9/1	23444710	20	¥20.00	笔记本			
11	2023/9/1	23824324	10	¥80.00	加湿器			
12	2023/9/1	23939012	3	¥120.00	茶具7件套			

图2-41

操作提示

本例使用MATCH函数计算出“保温杯”在所选单元格区域（E2:E16）中的位置，然后用INDEX函数返回C2:C16单元格区域中对应位置的入库数量。

2.2 数据源的排序和筛选

利用排序和筛选功能可以让数据源以指定的顺序排列，或只显示符合条件的数据。

2.2.1 数据排序

排序是基础的数据分析方法，排序的方法包括简单排序、多条件排序、特殊排序等。

（1）简单排序

简单排序即对指定列中的数据进行"升序"或"降序"排序。排序按钮保存在"数据"选项卡中的"排序和筛选"组中。

`Step01:` 选中要排序的列中的任意一个单元格，单击"升序"按钮，即可将值按照从低到高的顺序进行排列，如图2-42所示。

`Step02:` 单击"降序"按钮，即可将值按照从高到低的顺序排列，如图2-43所示。

图2-42

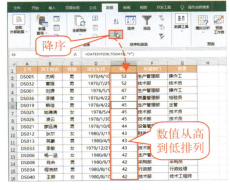
图2-43

（2）多条件排序

Excel也可以同时对多列中的数据进行排序。例如按"年龄"升序排序，年龄相同时让"出生年月"按照降序排序，具体操作方法如下。

`Step01:` 选中数据表中的任意一个单元格，打开"数据"选项卡，在"排序和筛选"组中单击"排序"按钮，打开"排序"对话框。

`Step02:` 在"排序"对话框中设置"主要关键字"的"列"为"年龄"，"次序"为"升序"，其他选项保持默认，单击"添加条件"按钮，如图2-44所示。

图2-44

Step03： 对话框中随即被添加"次要关键字"，设置"列"为"出生年月"，"次序"为"降序"，单击"确定"按钮，如图2-45所示。

图2-45

Step04： 此时数据表中的"年龄"数值已经按照升序排列，年龄相同时"出生年月"按照降序排列，如图2-46所示。

	A	B	C	D	E	F	G	H	I
1	工号	员工姓名	性别	出生年月	年龄	所属部门	职务		
2	DS011	吴子乐	男	1995/5/30	27	生产管理部	操作工		
3	DS030	赵祥	男	1994/10/6	28	设备管理部	工程师		
4	DS028	周末	男	1994/8/9	28	生产管理部	操作工		
5	DS010	李华华	男	1994/5/28	28	生产管理部	操作工		
6	DS037	张籽沐	男	1993/11/18	29	质量管理部	DSE工程师		
7	DS016	菁菁	女	1993/10/2	29	质量管理部	DSE工程师		
8	DS009	常尚鑫	女	1991/12/14	31	采购部	采购经理		
9	DS042	乔恩	女	1991/7/22	31	质量管理部	质量主管		
10	DS029	邵佳清	男	1990/4/23	33	设备管理部	工程师		
11	DS004	丁慧	女	1990/3/13	33	采购部	采购员		
12	DS041	汪强	男	1989/12/30	33	质量管理部	计量院		
13	DS015	李牧	男	1989/9/5	33	设备管理部	统计员		
14	DS031	甄乔乔	女	1989/4/26	34	技术部	技术主管		
15	DS002	陈向阳	男	1989/3/18	34	生产管理部	经理		
16	DS003	刘莉	女	1989/2/5	34	采购部	采购员		
17	DS027	郑双双	女	1988/12/20	34	设备管理部	工程师		
18	DS038	葛常杰	男	1988/12/18	34	技术部	技术员		
19	DS024	董凡	女	1988/10/15	34	技术部	技术员		

图2-46

（3）特殊排序

除了上述排序方法外，工作中有时还需要按笔画排序、按行排序、按单元格颜色排序等。下面将介绍特殊排序的方法。

Excel对所选列的默认排序依据为"单元格值"，除此之外也可将排序依据设置为单元格颜色、字体颜色以及条件格式图标。打开"排序"对话框，选择好"主要关键字"的"列"字段，单击"排序依据"下拉按钮，在下拉列表中即可更改排序依据。

另外在该对话框中单击"选项"按钮，打开"排序选项"对话框，还可设置排序的方向为"按行排序"、文本内容的排序方法为"笔画排序"，如图2-47所示（图中"笔划"的规范字型为"笔画"）。

选择按单元格颜色、字体颜色或条件格式图标排序

图2-47

（4）自定义排序

在进行排序的时候，如果需要按照特定的类别顺序进行排序，可以创建自定义序列，然后按照自定义的序列进行排序。例如按照自定义序列排列所属部门。

Step01： 选中数据表中的任意一个单元格，在"数据"选项卡中的"排序和筛选"组中单击"排序"按钮打开"排序"对话框。

Step02： 在"排序"对话框中设置"主要关键字"的"列"为"所属部门"，单击"次序"下拉按钮，在下拉列表中选择"自定义序列…"选项，如图2-48所示。

图2-48

Step03： 弹出"自定义序列"对话框，在"输入序列"文本框中输入自定义的序列，单击"添加"按钮，将所输入的序列添加到"自定义序列"列表框中，随后单击"确定"按钮，如图2-49所示。

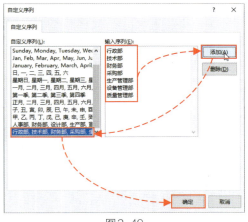

图2-49

Step04： 返回"排序"对话框，单击"确定"按钮，返回工作表，此时数据表中"所属部门"列中的部门已经按照自定义的顺序进行排序，如图2-50所示。

	A	B	C	D	E	F	G
1	工号	员工姓名	性别	出生年月	年龄	所属部门	职务
2	DS043	张美美	女	1988/4/16	35	行政部	培训员
3	DS044	赵烨	男	1986/11/23	36	行政部	人事专员
4	DS035	孙希香	女	1982/1/15	41	行政部	企业文化专员
5	DS046	程治然	男	1980/8/10	42	行政部	行政经理
6	DS031	甄乔乔	女	1989/4/26	34	技术部	技术主管
7	DS038	葛熙杰	男	1988/12/18	34	技术部	技术员
8	DS024	董凡	男	1988/10/15	34	技术部	技术员
9	DS039	南菁	男	1984/2/19	39	技术部	技术员
10	DS040	王聊	男	1980/8/10	42	技术部	技术工程师
11	DS033	李敏	女	1979/12/21	43	技术部	技术员
12	DS025	尚清清	女	1978/5/4	45	技术部	技术员
13	DS026	凌云	男	1978/1/30	45	技术部	技术员
14	DS032	章强	男	1970/7/25	52	技术部	技术员
15	DS020	展昭	男	1984/2/24	39	财务部	出纳
16	DS013	英豪	男	1980/4/5	43	财务部	会计
17	DS012	狄尔	女	1980/3/15	43	财务部	会计
18	DS009	常尚霞	女	1991/12/14	31	采购部	采购经理
19	DS004	丁慧	女	1990/3/13	33	采购部	采购员
20	DS003	刘莉	女	1989/2/5	34	采购部	采购员

26	DS018	周小兰	女	1988/2/14	35	生产管理部	操作工
27	DS017	伊诺	男	1986/8/1	36	生产管理部	操作工
28	DS014	董鹿	男	1986/3/3	37	生产管理部	统计员
29	DS006	杨一涵	女	1980/8/1	42	生产管理部	操作工
30	DS019	韩佳	男	1978/4/12	45	生产管理部	主管
31	DS001	刘源	男	1976/5/1	47	生产管理部	操作工
32	DS005	杰明	男	1970/4/10	53	生产管理部	操作工
33	DS030	赵祥	男	1994/10/6	28	设备管理部	工程师
34	DS029	邵佳清	男	1990/4/23	33	设备管理部	工程师
35	DS015	李牧	男	1989/9/5	33	设备管理部	统计员
36	DS027	郑双双	女	1988/12/6	34	设备管理部	工程师
37	DS021	廖远清	男	1978/10/6	44	设备管理部	维修员
38	DS037	张籽沐	男	1993/11/18	29	质量管理部	DSE工程师
39	DS016	菁菁	男	1993/10/2	29	质量管理部	DSE工程师
40	DS042	乔恩	男	1991/7/22	31	质量管理部	质量主管
41	DS041	汪强	男	1989/12/30	33	质量管理部	计量院
42	DS022	刘品超	男	1982/10/14	40	质量管理部	体系工程师
43	DS023	林青菁	男	1982/2/11	41	质量管理部	体系工程师
44	DS007	郝爱国	男	1981/10/29	41	质量管理部	计量院
45	DS036	李媛	女	1976/4/22	47	质量管理部	检验员

图2-50

2.2.2　数据筛选

使用筛选功能可以将需要的信息从复杂的数据中筛选出来，同时将不符合要求的数据隐藏，下面将对常用的筛选方法进行详细介绍。

（1）启动和退出筛选模式

进行数据筛选之前需要先启动筛选模式。选中数据表中的任意一个单元格，打开"数据"选项卡，在"排序和筛选"组中单击"筛选"按钮，数据标题行中的每个单元格中随即出现下拉按钮图标，此时数据表进入筛选模式，如图2-51所示。

	A	B	C	D	E	F	G	H
1	日期	销售员	部门	销售商品	销售数量	销售单价	销售金额	
2	2023/7/2	王润	销售B组	洗面奶	10	50	500	
3	2023/7/3	吴远遥	销售A组	隔离霜	10	90	900	
4	2023/7/3	王润	销售B组	精华液	5	180	900	
5	2023/7/5	吴远遥	销售A组	防晒霜	10	150	1500	
6	2023/7/5	吴远遥	销售A组	BB霜	50	60	3000	
7	2023/7/5	王润	销售B组	柔肤水	40	55	2200	
8	2023/7/11	向木寨	销售B组	洗面奶	5	60	300	
9	2023/7/13	向木寨	销售B组	BB霜	18	99	1782	
10	2023/7/18	林子墨	销售A组	防晒霜	20	150	3000	

图2-51

单击任意一个标题中的下拉按钮，会打开一个下拉列表，该下拉列表称为筛选器，用户可以在筛选器中执行需要的筛选操作，如图2-52所示。

若要退出筛选模式可在"数据"选项卡中再次单击"筛选"按钮，标题单元格中的下拉按钮图标消失则表示已经退出筛选模式。

图2-52

操作提示

用户可以使用Ctrl+Shift+Enter组合键启动或退出筛选模式。

（2）筛选文本型数据

一个数据表通常包含多种类型的数据，当数据类型不同时筛选器中提供的选项也会有所不同。首先介绍文本型数据的筛选方法。

① 快速筛选指定信息。

Step01：单击"销售商品"标题单元格中的下拉按钮，在打开的筛选器中取消"全选"复选框的勾选，随后勾选"精华液"和"柔肤水"复选框，单击"确定"按钮，如图2-53所示。

Step02：数据表中随即筛选出被勾选的商品信息，如图2-54所示。

图2-53

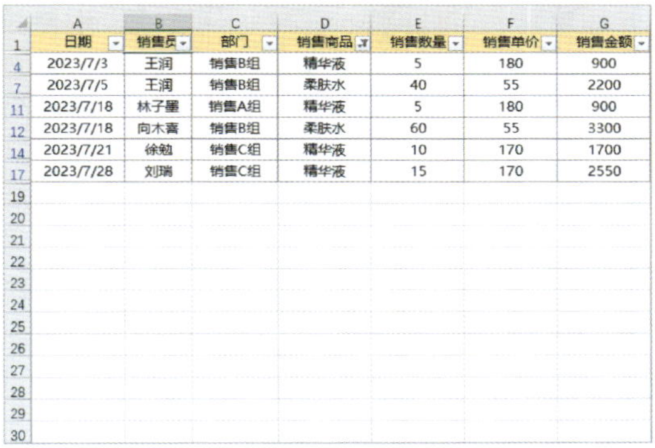

图2-54

② 根据关键字筛选。

Step01： 单击"销售商品"标题单元格中的下拉按钮，打开筛选器，在"搜索"文本框中输入关键字"霜"，此时筛选器下方会显示包含"霜"字的商品名称，单击"确定"按钮，如图2-55所示。

Step02： 数据表中随即筛选出"销售商品"列中包含"霜"的商品信息，如图2-56所示。

图2-55

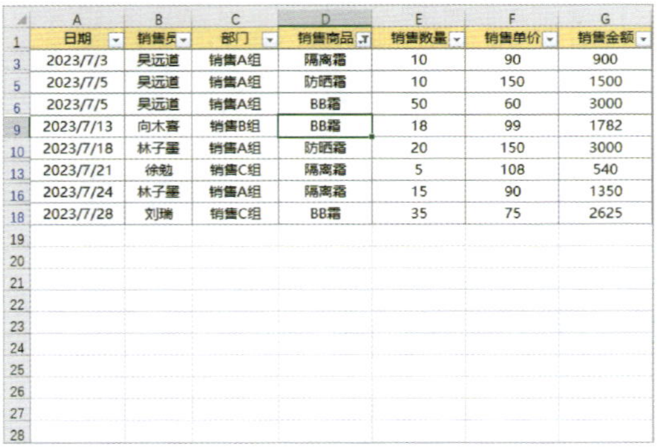

图2-56

③ 使用对话框筛选。

Step01： 单击"销售商品"标题单元格中的下拉按钮，打开筛选器，选择"文本筛选"选项，在其下级列表中选择"不包含"选项，如图2-57所示。

图2-57

Step02： 弹出"自定义自动筛选"对话框，对话框中包含两组下拉选项，在第一组右侧下拉列表中选择"隔离霜"（也可直接手动输入），如图2-58所示。

Step03： 在第二组左侧下拉列表中选择"不包含"，在右侧下拉列表中选择"防晒霜"，单击"确定"按钮，如图2-59所示。

Step04： 数据表中随即筛选出"销售商品"中不包含"隔离霜"与"防晒霜"的所有销售信息，如图2-60所示。

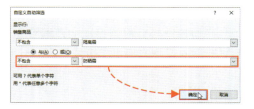

图2-58   图2-59

图2-60

（3）筛选数值型数据

筛选数值型数据或日期型数据跟筛选文本型数据的方法是相通的，只是筛选器中提供的选项有所不同，下面将筛选"销售金额"排名前5的数据。

`Step01:` 单击"销售金额"标题单元格中的下拉按钮，在筛选器中选择"数字筛选"选项，在其下级列表中选择"前10项"选项，如图2-61所示。

图2-61

`Step02:` 弹出"自动筛选前10个"对话框，修改中间数值框中的数字为"5"，单击"确定"按钮，如图2-62所示。

`Step03:` 数据表中随即筛选出销售金额排名前5的信息，如图2-63所示。

图2-62

（4）筛选日期型数据

日期筛选器会根据日期的范围按照年、月进行分组，用户可以通过筛选器提供的复选框快速筛选指定年份或月份的日期，如图2-64所示

	A	B	C	D	E	F	G
1	日期	销售员	部门	销售商品	销售数量	销售单价	销售金额
6	2023/7/5	吴远道	销售A组	BB霜	50	60	3000
10	2023/7/18	林子墨	销售A组	防晒霜	20	150	3000
12	2023/7/18	向木喜	销售B组	柔肤水	60	55	3300
17	2023/7/28	刘瑞	销售C组	精华液	15	170	2550
18	2023/7/28	刘瑞	销售C组	BB霜	35	75	2625
19							

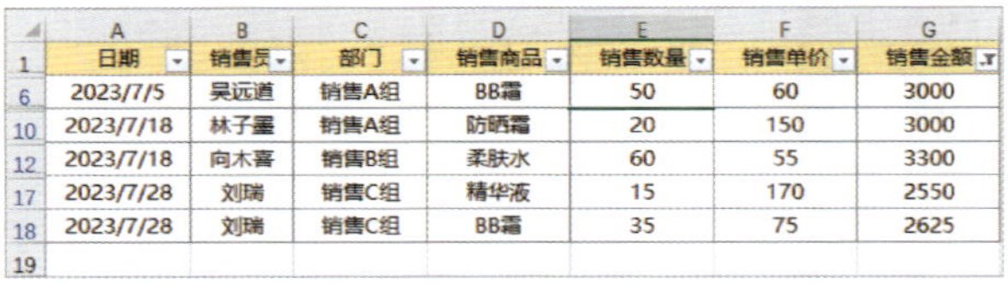

图2-63

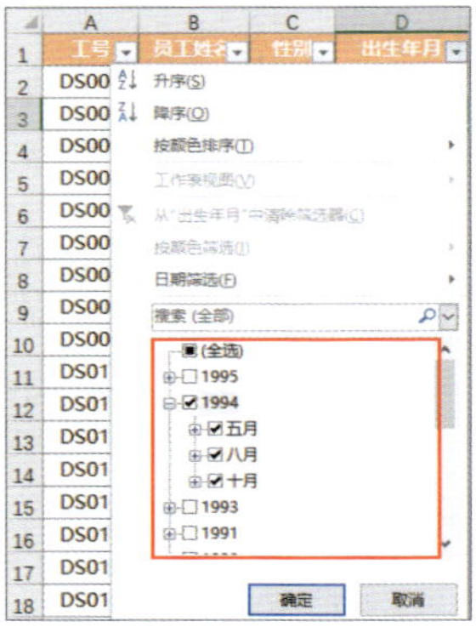

图2-64

另外“日期筛选”列表中还提供更多的筛选项，下面将以筛选“1990/1/1”之后出生的员工信息为例进行讲解。

Step01：单击“出生年月”标题单元格中的下拉按钮，打开筛选器。选择“日期筛选”选项，在其下级列表中选择“之后”选项，如图2-65所示。

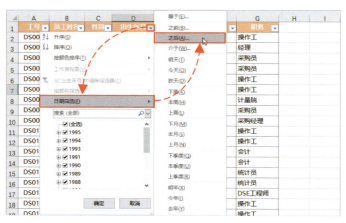

图2-65

Step02：打开“自定义自动筛选”对话框，在第一组下拉列表的右侧列表框中输入“1990/1/1”，单击“确定”按钮，如图2-66所示。

Step03：数据表中随即筛选出“出生年月”在“1990/1/1”之后的所有员工信息，如图2-67所示。

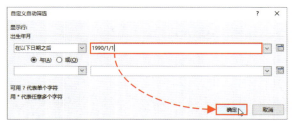

图2-66

工号	员工姓名	性别	出生年月	年龄	所属部门	职务	
DS004	叶小倩	女	1990/3/13	33	采购部	采购员	
DS009	常尚震	女	1991/12/14	31	采购部	采购经理	
DS010	李华华	男	1994/5/28	28	生产管理部	操作工	
DS011	吴子乐	男	1995/5/30	27	生产管理部	操作工	
DS016	菁菁	女	1993/10/2	29	质量管理部	DSE工程师	
DS028	周末	男	1994/8/9	28	生产管理部	操作工	
DS029	邵佳清	男	1990/4/23	33	设备管理部	工程师	
DS030	赵祥	男	1994/10/6	28	设备管理部	工程师	
DS037	张籽沐	男	1993/11/18	29	质量管理部	DSE工程师	
DS042	乔恩	女	1991/7/22	31	质量管理部	质量主管	

图2-67

（5）清除筛选

执行过筛选的列，其标题中的下拉按钮会变为 形状，用户可通过按钮的变化判断数据表中哪列数据执行了筛选。若要清除筛选，可以单击 按钮，在下拉列表中选择"从"×××"中清除筛选器"选项，即可清除当前列的筛选，如图2-68所示。

除此之外，用户也可打开"数据"选项卡，在"排序和筛选"组中单击"清除"按钮，就可清除数据表中的筛选。若数据表中同时对多列进行了筛选，使用此方法可一次性清除所有筛选，如图2-69所示。

图2-68

图2-69

2.2.3 高级筛选

高级筛选能够根据复杂的条件筛选数据，而且筛选的方法更为开放和自由。用户一旦掌握了高级筛选的应用规律，便会发现，其实它比常规筛选更好用。

执行高级筛选必须先设置筛选条件，例如需要从员工信息表中筛选出性别为"男"且基本工资">＝5000"的员工信息。下面将介绍具体操作方法。

Step01：选中数据表标题，按Ctrl+C组合键进行复制，随后按Ctrl+V组合键，将标题粘贴到数据表下方，如图2-70所示。

Step02：在复制的标题"性别"下方输入"男"，"基本工资"下方输入"＞=5000"，完成条件区域的设置，如图2-71所示。

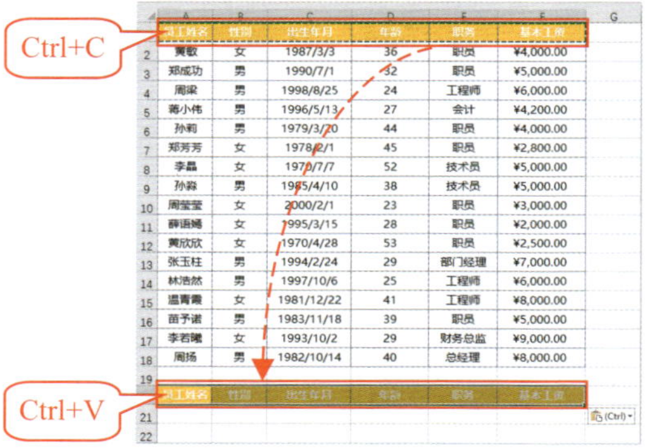

图2-70 　　　　　　　　　　　　　　　　图2-71

Step03：选中数据表中的任意一个单元格，打开"数据"选项卡，在"排序和筛选"组中单击"高级"按钮，如图2-72所示。

Step04：弹出"高级筛选"对话框，在"列表区域"文本框中引用数据表区域，在"条件区域"文本框中引用条件区域，其他选项保持默认，单击"确定"按钮，如图2-73所示。

图2-72

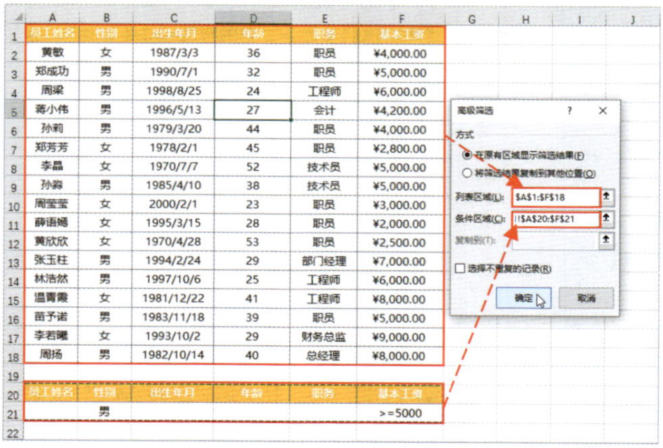

图2-73

Step05: 数据表中随即筛选出性别为"男"且基本工资">＝5000"的数据，如图 2-74 所示。

	A	B	C	D	E	F	G
1	员工姓名	性别	出生年月	年龄	职务	基本工资	
3	郑成功	男	1990/7/1	32	职员	¥5,000.00	
4	周梁	男	1998/8/25	24	工程师	¥6,000.00	
9	孙淼	男	1985/4/10	38	技术员	¥5,000.00	
13	张玉柱	男	1994/2/24	29	部门经理	¥7,000.00	
14	林浩然	男	1997/10/6	25	工程师	¥6,000.00	
16	苗予诺	男	1983/11/18	39	职员	¥5,000.00	
18	周扬	男	1982/10/14	40	总经理	¥8,000.00	
19							
20	员工姓名	性别	出生年月	年龄	职务	基本工资	
21		男				>＝5000	
22							

图 2-74

2.3　数据分类汇总

数据分类汇总是处理数据的重要工具之一，对表格数据进行分类汇总时需要选定分类字段、汇总方式以及汇总项。分类汇总的要素如图 2-75 所示。

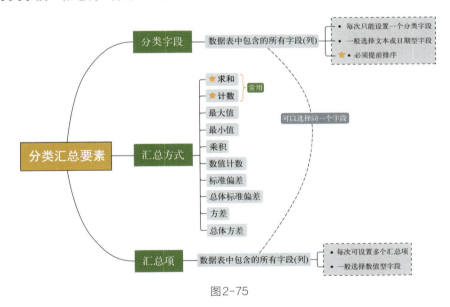

图 2-75

2.3.1　单项分类汇总

所谓单项分类汇总，即只对一个标题下的数据进行分类，然后按一种指定的汇总方式进行汇总。下面将对"客户名称"进行分类，以求和方式汇总"金额"数据。

Step01: 选中"客户名称"列中的任意一个单元格。打开"数据"选项卡，在"排序和筛选"组中单击"升序"按钮，如图2-76所示。对分类字段排序是为了将相同的数据集中在一起显示。

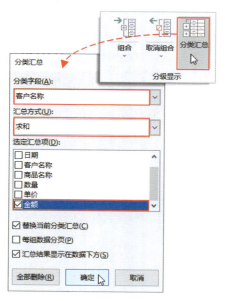

图2-76

Step02: 在"数据"选项卡中的"分级显示"组中单击"分类汇总"按钮，打开"分类汇总"对话框。设置"分类字段"为"客户名称"，"汇总方式"使用默认的"求和"，设置"选定汇总项"为"金额"，单击"确定"按钮，如图2-77所示。

图2-77

Step03: 表格中的数据随即根据要求进行了分类汇总，如图2-78所示。

图2-78

对数据源进行分类汇总时，可以为一个分类字段选择多个汇总项。在"分类汇总"对话框中设置分类字段为"客户名称"，汇总方式为"求和"，随后在"选定汇总项"对话框中勾选"数量"和"金额"复选框，单击"确定"按钮，如图2-79所示。数据表随即按照"客户名称"字段分类，并同时对"数量"和"金额"两个字段进行求和汇总，如图2-80所示。

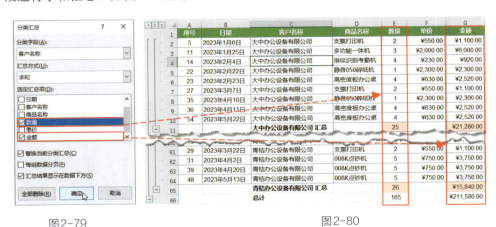

图2-79　　　　　　　　　　　　　　图2-80

另外，分类字段和汇总项也可以设置为同一个字段。例如要统计每种商品的销售次数，可以按"商品名称"字段分类，同时设置该字段为汇总项，并设置汇总方式为"计数"，如图2-81所示。汇总结果如图2-82所示。

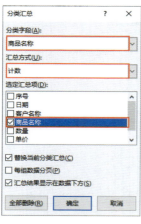

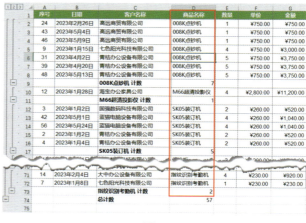

图2-81 图2-82

2.3.2　多项分类汇总

单项分类汇总只能设置一个分类字段，若要设置多个分类字段，可以执行多项分类汇总。下面将分别设置"客户名称"和"商品名称"两个字段为分类字段。

Step01： 设置多项分类汇总之前同样需要对多个分类字段进行排序，用户可以使用"排序"对话框进行操作，如图2-83所示。

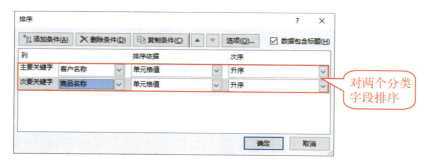

图2-83

Step02： 在"数据"选项卡中的"分级显示"组内单击"分类汇总"按钮，打开"分类汇总"对话框，先设置分类字段为"客户名称"，汇总方式为"求和"，选定汇总项为"金额"，单击"确定"按钮，完成第一次分类汇总，如图2-84所示。

Step03： 随后再次打开"分类汇总"对话框，设置分类字段为"商品名称"，汇总方式为"求和"，选定汇总项为"金额"，随后取消"替换当前分类汇总"复选框的勾选，最后单击"确定"按钮，如图2-85所示。

Step04： 数据源随即显示多项分类汇总结果，如图2-86所示。

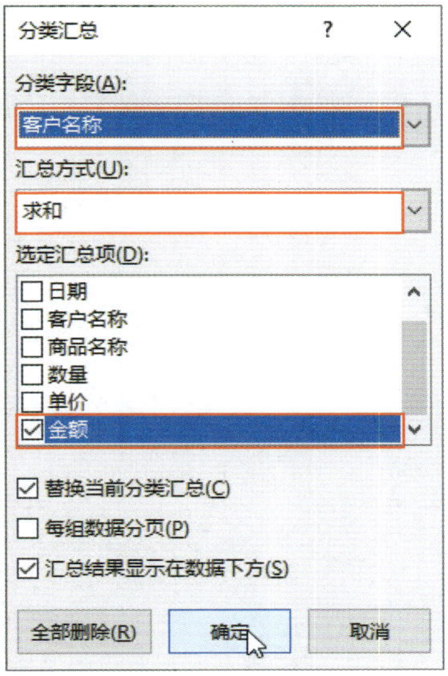

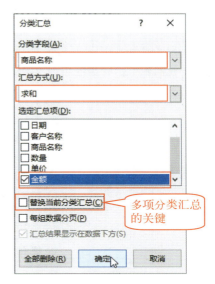

图2-84　　　　　　　图2-85

图2-86

操作提示

　　创建分类汇总以后工作表左上角会显示数字图标，执行一次分类汇总操作会显示1~3的图标，执行两次分类汇总则会显示1~4的图标，如图2-87所示。这些数字图标即"分级显示"图标。以单项分类汇总为例，单击数字"1"图标可以折叠明细和分类汇总，只显示总计；单击数字"2"图标可以显示分类汇总和总计；单击数字"3"图标可以显示所有明细、分类汇总和总计。

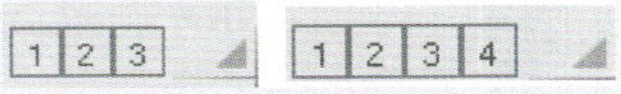

图2-87

2.3.3 删除分类汇总

若要删除分类汇总，打开“分类汇总”对话框，单击“全部删除”按钮，如图2-88所示，数据表中的分类汇总即可被删除。

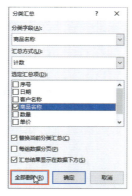

图2-88

2.4 合并多个表格中的数据

在日常工作中，有时需要将多张数据表合并为一张表，当想要合并的表格结构相同时可以使用“合并计算”功能进行合并。

2.4.1 合并汇总多表数据

若要合并多张表格的数据，并对相同项目进行汇总，需要保证多张表格的结构及标题名称相同。下面以合并汇总1店、2店、3店三张工作表中的商品销售数据为例，如图2-89所示。

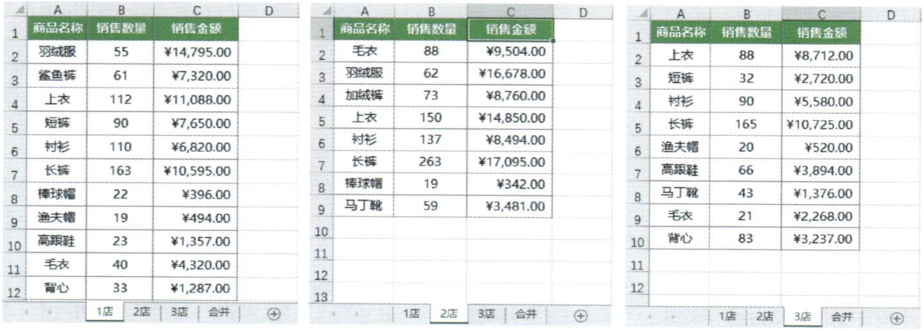

1店

商品名称	销售数量	销售金额
羽绒服	55	¥14,795.00
鲨鱼裤	61	¥7,320.00
上衣	112	¥11,088.00
短裤	90	¥7,650.00
衬衫	110	¥6,820.00
长裤	163	¥10,595.00
棒球帽	22	¥396.00
渔夫帽	19	¥494.00
高跟鞋	23	¥1,357.00
毛衣	40	¥4,320.00
背心	33	¥1,287.00

2店

商品名称	销售数量	销售金额
毛衣	88	¥9,504.00
羽绒服	62	¥16,678.00
加绒裤	73	¥8,760.00
上衣	150	¥14,850.00
衬衫	137	¥8,494.00
长裤	263	¥17,095.00
棒球帽	19	¥342.00
马丁靴	59	¥3,481.00

3店

商品名称	销售数量	销售金额
上衣	88	¥8,712.00
短裤	32	¥2,720.00
衬衫	90	¥5,580.00
长裤	165	¥10,725.00
渔夫帽	20	¥520.00
高跟鞋	66	¥3,894.00
马丁靴	43	¥1,376.00
毛衣	21	¥2,268.00
背心	83	¥3,237.00

图2-89

Step01： 打开"合并"工作表，选择A1单元格，切换到"数据"选项卡，在"数据工具"组中单击"合并计算"按钮，如图2-90所示。

图2-90

Step02： 弹出"合并计算"对话框，函数使用默认的"求和"，将光标定位于"引用位置"文本框中，单击"1店"工作表标签，打开该工作表。选择A1:C12单元格区域，将该区域引用到"引用位置"文本框中，随后单击"添加"按钮，将引用的区域添加至"所有引用位置"列表框中，如图2-91所示。

Step03： 参照上一步骤，继续引用并添加"2店"和"3店"工作表中的数据区域，随后勾选"首行"和"最左列"复选框，单击"确定"按钮，如图2-92所示。

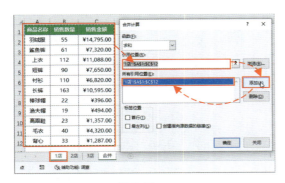

图2-91

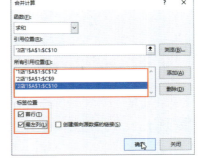

图2-92

Step04： 三张工作表中的数据随即被合并，默认情况下合并后的数据首列不显示标题，用户可手动输入标题并适当设置表格的样式，如图2-93所示。

2.4.2 仅合并信息

当多个要合并的表中列标题不同时，使用"合并计算"功能则只会合并其中的信息而不进行计算。例如合并"信息1"和"信息2"两张工作表中的员工信息，如图2-94所示。

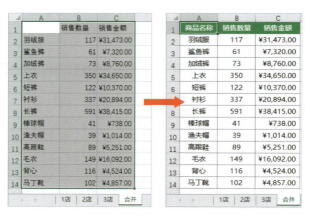

图2-93

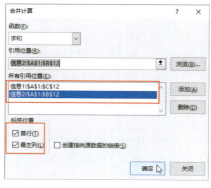

图2-94

Step01：打开"信息合并"工作表，选择A1单元格，打开"数据"选项卡，单击"合并计算"按钮，打开"合并计算"对话框，分别引用并添加"信息1"和"信息2"工作表中的数据区域，勾选"首行"和"最左列"复选框，单击"确定"按钮，如图2-95所示。

Step02：两张工作表中的数据随即被合并，效果如图2-96所示。

图2-95　　　　　　　　　　　　　　　　图2-96

注意事项

被合并计算的数据，除了第一列之外，其余列中的值必须是数值型数据，否则无法被合并。

【案例实战】 分析库存明细表

本章主要介绍了常用函数、排序、筛选、分类汇总，以及合并计算等常见数据分析工具的应用，下面将综合运用所学知识对库存明细表中的数据进行统计分析。本例要操作的库存明细表原始效果如图2-97所示。

	A	B	C	D	E	F	G	H	I	J	K
1	序号	日期	产品名称	规格	单位	期初数量	入库数量	出库数量	库存数量	库存报警	
2	1	2023/6/1	打印机	SQS150-K6	台	29	17	25	21		
3	2	2023/6/1	投影仪	TY-3390-WD8090S	台	15	16	10	21		
4	3	2023/6/3	数码相机	HF-1757A-SW500G	台	22	20	11	31		
5	4	2023/6/3	电脑	HF-1757A-SW120G	台	10	11	19	2		
6	5	2023/6/5	饮水机	YS-500-DD	台	21	17	11	27		
7	6	2023/6/5	复印机	YA9204	台	42	26	12	56		
8	7	2023/6/6	空调	J-XAPD-02A	台	42	20	25	37		
9	8	2023/6/6	饮水机	YS-500-DD	台	27	35	30	32		
10	9	2023/6/6	展示架	LD-5870T	套	16	18	11	23		
11	10	2023/6/10	空调	J-XAPD-02A	台	37	19	27	29		
12	11	2023/6/10	一体机电脑	HJ-I751	台	24	22	22	24		
13	12	2023/6/10	液晶电视	HJ-I750	台	36	11	27	20		
14	13	2023/6/10	档案柜	HJ-1807A	套	26	15	20	21		
15	14	2023/6/10	电脑	HF-1757A-SW120G	台	2	30	25	7		
16	15	2023/6/14	办公桌	HJ-1825	套	28	13	17	24		
17	16	2023/6/14	办公椅	JB-3208G	套	21	25	25	21		
18	17	2023/6/14	空调柜机	Q-XAPD-05P	个	35	13	10	38		

图2-97

具体要求如下。

① 当同一种产品多次入库时，要求保留最新的记录。

② 使用公式设置库存报警，库存低于20时显示"库存过低"，库存大于等于50时显示"库存过高"。

③ 突出显示"库存过低"的单元格。

④ 设置下拉列表自动查询指定商品库存。

⑤ 产品名称按笔画排序。

⑥ 查看库存数量低于平均值的商品。

（1）使用"删除重复值"功能保留最新记录

使用"删除重复值"功能删除重复数据时，默认从下往上删除，只保留最顶端的记录。若要反向保留表格最下方（最新的）的记录，则需要先对数据表进行排序。

Step01：选中"序号"列中的任意一个单元格，打开"数据"选项卡，在"排序和筛选"组中单击"降序"按钮，将库存明细表中的数据降序排列，如图2-98所示。

Step02： 在"数据"选项卡中的"数据工具"组中单击"删除重复值"按钮，弹出"删除重复值"对话框，单击"取消全选"按钮，取消所有复选框的勾选，随后重新勾选"产品名称"和"规格"复选框，单击"确定"按钮，如图2-99所示。

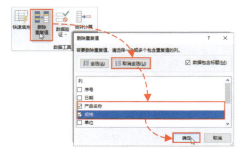

图2-98   图2-99

Step03： 数据表中随即根据所勾选的标题删除重复值，同时弹出信息对话框，单击"确定"按钮。库存明细表中多次入库的产品此时只保留最新的唯一记录，如图2-100所示。

图2-100

（2）使用IF函数设置库存报警

Step01： 选中J2单元格，输入公式"=IF(I2＜20，"库存过低"，IF(I2＞50，"库存过高"，""))"，按Enter键返回结果，如图2-101所示。

Step02： 选中J2单元格，将公式向下方填充完成库存报警的设置，如图2-102所示。

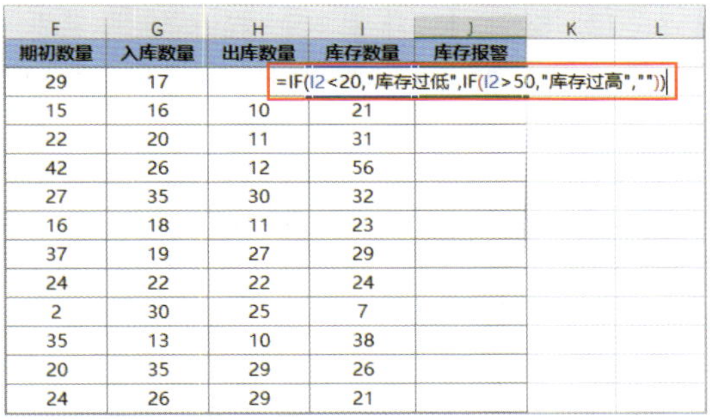

F	G	H	I	J	K	L
期初数量	入库数量	出库数量	库存数量	库存报警		
29	17	=IF(I2<20,"库存过低",IF(I2>50,"库存过高",""))				
15	16	10	21			
22	20	11	31			
42	26	12	56			
27	35	30	32			
16	18	11	23			
37	19	27	29			
24	22	22	24			
2	30	25	7			
35	13	10	38			
20	35	29	26			
24	26	29	21			

图2-101

J2 =IF(I2<20,"库存过低",IF(I2>50,"库存过高",""))

序号	日期	产品名称	规格	单位	期初数量	入库数量	出库数量	库存数量	库存报警
1	2023/6/1	打印机	SQS150-K6	台	29	17	25	21	
2	2023/6/1	投影仪	TY-3390-WD8090S	台	15	16	10	21	
3	2023/6/3	数码相机	HF-1757A-SW500G	台	22	20	11	31	
6	2023/6/5	复印机	YA9204	台	42	26	12	56	库存过高
8	2023/6/6	饮水机	YS-500-DD	台	27	35	30	32	
9	2023/6/6	展示架	LD-5870T	套	16	18	11	23	
10	2023/6/10	空调	J-XAPD-02A	台	37	19	27	29	
11	2023/6/10	一体机电脑	HJ-I751	台	24	22	22	24	
14	2023/6/10	电脑	HF-1757A-SW120G	台	2	30	25	7	库存过低
17	2023/6/14	空调柜机	Q-XAPD-05P	个	35	13	10	38	
21	2023/6/16	液晶电视	HJ-I750	台	20	35	29	26	
22	2023/6/18	密码箱	KS-3320C	个	24	26	29	21	
23	2023/6/18	办公椅	JB-3208G	套	15	33	26	22	
24	2023/6/18	监控摄像头	DB-5033	个	24	12	19	17	库存过低
25	2023/6/23	文件柜	HJ-2873D	套	24	25	25	24	
26	2023/6/23	沙发	MQ-5021A	个	29	12	14	27	
28	2023/6/23	档案柜	HJ-1807A	套	21	30	30	21	
29	2023/6/26	办公桌	HJ-1825	套	24	16	19	21	
31	2023/6/30	传真机	HF-1757-SW250G	个	13	12	16	9	库存过低
32	2023/6/30	碎纸机	JB-YX-252	台	34	11	18	27	

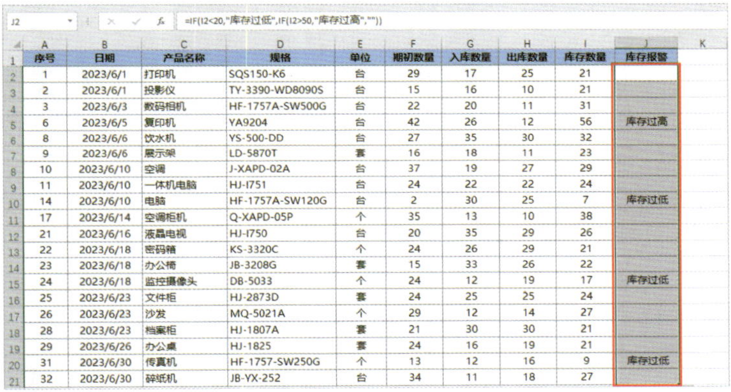

图2-102

（3）使用“条件格式”功能突出单元格

Step01：选中J2:J21单元格区域，打开“开始”选项卡，在“样式”组中单击“条件格式”下拉按钮，在下拉列表中选择“突出显示单元格规则”选项，在其下级列表中选择“等于”选项，如图2-103所示。

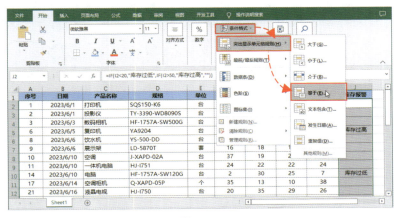

图2-103

Step02： 弹出"等于"对话框，在左侧文本框中输入"库存过低"，单击"确定"按钮，所选区域中包含"库存过低"文本的单元格随即被突出显示，如图2-104所示。

图2-104

（4）使用"数据验证"功能和VLOOKUP函数创建库存查询表

Step01： 创建库存查询表框架，随后选择M3单元格，打开"数据"选项卡，在"数据工具"组中单击"数据验证"按钮，如图2-105所示。

Step02： 弹出"数据验证"对话框，设置验证条件中的"允许"为"序列"，在"来源"文本框中引用C2:C21单元格区域，文本框中自动显示为"=$C$2:$C$21"，如图2-106所示。

图2-105   图2-106

Step03： 选中M3单元格，单击单元格右侧的下拉按钮，在下拉列表中可以看到所有产品名称，选择一个产品名称即可将该名称录入单元格中，如图2-107所示。

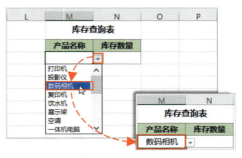

图2-107

（5）按笔画排序产品名称

Step01： 选中数据表中的任意一个单元格，打开"数据"选项卡，在"排序和筛选"组中单击"排序"按钮，如图2-108所示。

图2-108

Step02： 弹出"排序"对话框，设置"主要关键字"的"列"为"产品名称"，其他选项保持默认，单击"选项"按钮，如图2-109所示。

Step03： 打开"排序选项"对话框，在"方法"组中选择"笔画排序"单选按钮，单击"确定"按钮，如图2-110所示。返回"排序"对话框，单击"确定"按钮关闭对话框。

图2-109

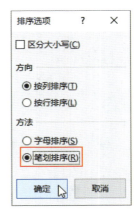

图2-110

Step04： "产品名称"列中的数据随即按照首字的笔画顺序升序排序，当首字笔画数相同时，再对比第二个字的笔画，以此类推，如图2-111所示。

序号	日期	产品名称	规格	单位	期初数量	入库数量	出库数量	库存数量	库存报警
11	2023/6/10	一体机电脑	HJ-I751	台	24	22	22	24	
25	2023/6/23	文件柜	HJ-2873D	套	24	25	25	24	
29	2023/6/26	办公桌	HJ-1825	套	24	16	19	21	
23	2023/6/18	办公椅	JB-3208G	套	15	33	26	22	
1	2023/6/1	打印机	SQS150-K6	台	29	17	25	21	
14	2023/6/10	电脑	HF-1757A-SW120G	台	2	30	25	7	库存过低
31	2023/6/30	传真机	HF-1757-SW250G	个	13	12	16	9	库存过低
2	2023/6/1	投影仪	TY-3390-WD8090S	台	15	16	10	21	
8	2023/6/6	饮水机	YS-500-DD	台	27	35	30	32	
26	2023/6/23	沙发	MQ-5021A	个	29	12	14	27	
10	2023/6/10	空调	J-XAPD-02A	台	37	19	27	29	
17	2023/6/14	空调柜机	Q-XAPD-05P	个	35	13	10	38	
6	2023/6/5	复印机	YA9204	台	42	26	12	56	库存过高
28	2023/6/23	档案柜	HJ-1807A	套	21	30	30	21	
24	2023/6/18	监控摄像头	DB-5033	个	24	12	19	17	库存过低
9	2023/6/6	展示架	LD-5870T	套	16	18	11	23	
21	2023/6/16	液晶电视	HJ-I750	台	20	35	29	26	
22	2023/6/23	密码箱	KS-3320C	个	26	29	27	21	
32	2023/6/30	碎纸机	JB-YX-252	台	34	11	18	27	
3	2023/6/3	数码相机	HF-1757A-SW500G	台	22	20	11	31	

图2-111

（6）筛选"库存数量"低于平均值的记录

Step01: 选中数据表中的任意一个单元格，打开"数据"选项卡，在"排序和筛选"组中单击"筛选"按钮，启动筛选模式，如图2-112所示。

Step02: 单击"库存数量"标题单元格中的下拉按钮，在筛选器中选择"数字筛选"选项，在其下级列表中选择"低于平均值"选项，如图2-113所示。

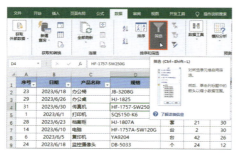

图2-112   图2-113

Step03: 数据表中随即筛选出库存数量低于平均值的库存记录，如图2-114所示。

序号	日期	产品名称	规格	单位	期初数量	入库数量	出库数量	库存数量	库存报警
23	2023/6/18	办公椅	JB-3208G	套	15	33	26	22	
29	2023/6/26	办公桌	HJ-1825	套	24	16	19	21	
31	2023/6/30	传真机	HF-1757-SW250G	个	13	12	16	9	库存过低
1	2023/6/1	打印机	SQS150-K6	台	29	17	25	21	
28	2023/6/23	档案柜	HJ-1807A	套	21	30	30	21	
14	2023/6/10	电脑	HF-1757A-SW120G	台	2	30	25	7	库存过低
24	2023/6/18	监控摄像头	DB-5033	个	24	12	19	17	库存过低
22	2023/6/18	密码箱	KS-3320C	个	26	29	27	21	
2	2023/6/1	投影仪	TY-3390-WD8090S	台	15	16	10	21	
25	2023/6/23	文件柜	HJ-2873D	套	24	25	25	24	
11	2023/6/10	一体机电脑	HJ-I751	台	24	22	22	24	
9	2023/6/6	展示架	LD-5870T	套	16	18	11	23	

图2-114

第 3 章

数据的多维度透视分析

数据透视表可以动态地改变版面布局，重新安排行号、列标以及页字段，以便按照不同方式分析数据。每次改变版面布局时，数据透视表会立即按照新的布局重新计算，为数据分析提供了很大的便利。

扫码看本章视频

数据透视表入门

3.1.1　数据透视表的优势

在学习这部分知识之前，先了解一下数据透视表所具有的优秀的数据分析能力，相比于传统的数据分析方法，数据透视表具有以下几个优势。

① 快速　数据透视表能够快速处理大量的数据，用于实时分析和决策。

② 简单　数据透视表以表格形式呈现，用户可以轻松地理解数据之间的关系。

③ 灵活　用户可以根据需要灵活地调整数据透视表的结构和内容，以实现不同的分析目标。

④ 直观　数据透视表支持图表展示，能够更好地呈现数据的特点和规律。

⑤ 高效　数据透视表能够自动进行数据汇总和计算，减轻用户的工作量。

3.1.2　数据透视表常用术语

了解数据透视表相关的术语是为了更快速地学习数据透视表的相关知识以及操作技巧。数据透视表的常用术语如下。

① 源数据　用来创建数据透视表的数据，该数据可以位于工作表中，也可位于一个外部的数据库中。

② 透视　通过改变一个或多个字段的位置来重新安排数据透视表。

③ 字段　一般为数据源中的标题行内容。可以通过拖动字段对数据透视表进行透视。

④ 项目　字段中的一个元素，在数据透视表中作为行或列的标题显示。

⑤ 列标签　在数据透视表中拥有列方向的字段。字段的每一项目占用一列。

⑥ 行标签　在数据透视表中具有行方向的字段，字段的每个项目占用一行。

⑦ 组　作为单一项目看待的一组项目的集合。可以手动或自动地将项目组合（例如，把日期归纳为月份）。

⑧ 总计　在数据透视表中为一行或一列的所有单元格显示总和的行或列。可以指定为行或为列求和。

⑨ 汇总方式　Excel 计算表格中数据的值的统计方式。数值型字段的默认汇总方式为求和，文本型字段的默认汇总方式为计数。

⑩ 分类总汇　在数据透视表中，显示一行或一列中的详细单元格的分类汇总。

⑪ 报表筛选　在数据透视表中拥有分页方向的字段，和三维立体的一个片段相似。在一个页面字段内一次只可以显示一个项目（或所有项目）。

⑫ 数值区域　数据透视表中包含汇总数据的单元格。Excel 提供若干汇总数据的方法，例如求和、求平均值、计数等。

⑬ 刷新　在改变源数据后，重新计算数据透视表，反映最新数据源的状态。

3.1.3　数据透视表对数据源的要求

要想使用数据透视表高效完成数据分析，首先要从规范的数据源做起。数据透视表对数据源的要求主要包括以下几点。

（1）不要合并单元格

合并单元格其实只有第一个单元格中有内容，其他单元格均为空白，所以在创建数据透视表后便会出现对"空白"项的统计，从而导致统计结果错误。

（2）不要有空行或空列

空行或空列会将数据源分割成多个区域。而创建数据透视表时，只默认选择活动单元格所在的区域，容易出现数据源不全的情况。若手动选择区域，创建的数据透视表中会包含一些多余的"空白"项。

（3）不要让标题空缺

当数据源中缺少标题时，将无法创建数据透视表，并弹出警告对话框进行提醒。

（4）日期格式要规范

若数据源中的日期格式不规范，则这些日期在数据透视表中不能按正常的顺序排序，也无法按日期进行分组。

（5）值字段中不要使用文本型的数字

文本型的数字出现在值区域中时将无法被显示和统计。

3.2　数据透视表的创建和字段设置

数据透视表的创建方法与设置技巧其实很简单，用鼠标"拖一拖"即可实现。

3.2.1　创建数据透视表

准备好数据源后便可着手创建数据透视表。用户可根据需要创建空白数据透视表，或创建系统推荐的数据透视表。下面以创建空白数据透视表为例进行介绍。

`Step01:` 选中数据源中的任意一个单元格，打开"插入"选项卡，在"表格"组中单击"数据透视表"按钮。

`Step02:` 系统随即弹出"来自表格或区域的数据透视表"对话框，此时"选择表格或区域"中的"表/区域"文本框中会自动引用整个数据源区域（若引用的区域不完整，可手动引用数据源），保持对话框中的所有选项为默认，单击"确定"按钮，如图3-1所示。

`Step03:` 工作簿中随即自动新建一张工作表，并在该工作表中创建空白数据透视表，如图3-2所示。

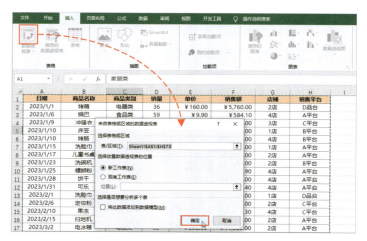

图 3-1

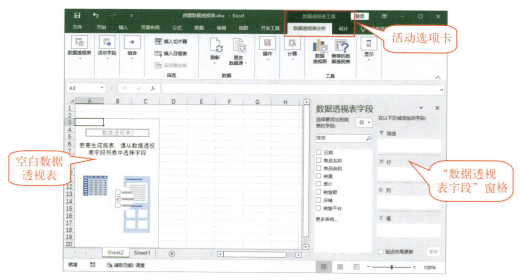

图 3-2

操作提示

　　新建数据透视表后，窗口右侧自动打开"数据透视表字段"窗格，用户可通过该窗格向数据透视表添加、移动、删除以及编辑字段。另外，功能区中会出现"数据透视表工具"活动选项卡，该活动选项卡中包含"数据透视表分析"和"设计"两个选项卡。"数据透视表分析"选项卡中包含的命令按钮主要用于数据的分析，"设计"选项卡中的命令按钮则主要用于设置数据透视表的布局及外观。

3.2.2 字段的添加和删除

向数据透视表中添加或删除字段主要通过"数据透视表字段"窗格来操作,下面将介绍具体操作方法。

(1)了解"数据透视表字段"窗格结构

数据源中的每一列代表一个字段,每一列的标题会在"数据透视表字段"窗格中生成一个相同的字段名称,如图3-3所示。

图3-3

"数据透视表字段"窗格主要由字段列表和4个区域组成。单击"工具"按钮,在展开的列表中通过选择"字段节和区域节层叠"或"字段节和区域节并排"选项,可以调整字段列表和4个区域的显示方式,如图3-4所示。

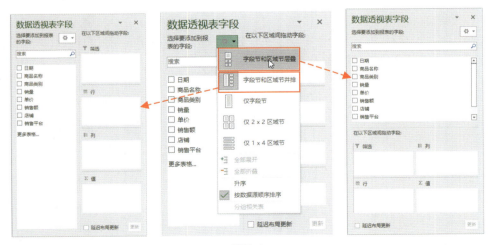

图3-4

(2)自动添加字段

"数据透视表字段"窗格中的4个区域分别为"筛选"区域、"行"区域、"列"

区域和"值"区域。字段添加在哪个区域，直接决定了数据透视表的布局是怎么样。

在字段列表中勾选复选框即可将该字段添加至数据透视表中。使用勾选的方式添加字段时，文本型字段默认添加到"行"区域，数值型字段默认添加到"值"区域，当添加两个或两个以上的数值型字段时，这些字段默认以列的形式在数据透视表中显示，同时在"数据透视表字段"窗格的"列"区域中会显示"数值"字段选项，如图3-5所示。

图3-5

（3）选择字段显示区域

若要自行控制字段的显示区域，可以使用鼠标拖拽的方法添加字段。在"数据透视表字段"窗格中选择一个字段，按住鼠标左键，向目标区域拖动，当目标区域中出现一条绿色粗实线时松开鼠标即可，如图3-6所示。

图3-6

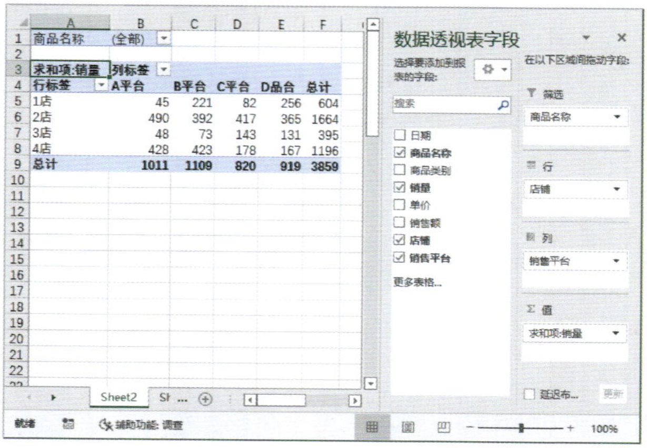

图3-7

使用鼠标拖拽的方式也可以将字段拖拽到"筛选"区域，在数据透视表中单击筛选字段右侧的下拉按钮，可通过打开的筛选器对数据透视表执行筛选，如图3-7所示。

（4）删除字段

在"数据透视表字段"窗格中取消字段复选框的勾选即可将该字段从数据透视表中删除。除此之外也可在指定区域中单击要删除的字段选项，在展开的列表中选择"删除字段"选项删除字段。通过列表中的选项还可以移动当前字段，如图3-8所示。

3.2.3 重命名字段

图3-8

当数值型字段在列区域中显示时，默认的汇总方式为"求和汇总"，标题中会显示"求和项："文本，用户若要修改字段名称，可选中标题所在单元格，直接手动输入新名称即可，在数据透视表中修改字段标题并不会改变字段本来的名称，如图3-9所示。

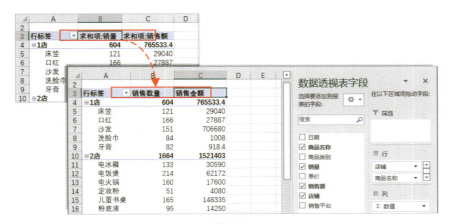

图3-9

3.2.4 为行字段分组

数据透视表是汇总、分析、浏览和呈现数据的好工具，对行字段中的数据项进行分组，可以改进数据透视表的布局和格式，让数据透视表变得更易读。

（1）为文本字段分组

为文本字段分组需要提前选中要组合的内容，然后再执行"组合"操作。具体操作方法如下。

Step01： 在行字段中选择要组合的项，若要组合的项在不相邻的区域，可以按住Ctrl键依次进行选择，随后右击任意一个选中的单元格，在弹出的菜单中选择"组合"选项，如图3-10所示。

Step02： 所选项随即被组合为一个数据组。默认的分组名称为"数据组1"，选中分组名称所在单元格直接修改组名称为"零食"即可，如图3-11所示。

图3-10

图3-11

操作提示

　　若要取消组合，可以右击分组名称单元格，在弹出的菜单中选择"取消组合"选项，如图3-12所示。

图3-12

（2）为日期字段分组

　　日期字段可以按照不同的步长进行组合，例如按月、季度或年等步长进行分组。下面将介绍具体操作方法。

Step01： 在日期字段中右击任意日期项，在弹出的菜单中选择"组合"选项，如图3-13所示。

Step02： 弹出"组合"对话框，设置好起始日期和终止日期，在"步长"列表框中选择组合日期的步长（可以选择一项，也可以选择多项），最后单击"确定"按钮，如图3-14所示。

Step03： 数据透视表中的日期字段随即按照所选步长自动分组，如图3-15所示。

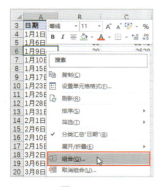

图3-13　　　　　　图3-14　　　　　　图3-15

3.2.5　设置值字段的汇总及显示方式

数据透视表值字段的默认汇总方式为"求和"汇总，值显示方式为"无计算"，如图3-16所示。

图3-16

（1）设置值字段汇总方式

用户也可根据需要将汇总方式更改为求平均值、计数、求最大值、求最小值等，具体操作方法如下。

Step01：右击要更改汇总方式的值字段中的任意项，在弹出的菜单中选择"值汇总依据"选项，在其下级菜单中选择"平均值"选项，如图3-17所示。

图3-17　　　　　　　　　　　　图3-18

Step02： 所选值字段的汇总方式随即被更改为"平均值"汇总，字段标题也由原来的"求和项：销售额"变为"平均值项：销售额"，如图3-18所示。

（2）设置值显示方式

值区域中的数字默认以"无计算"的方式显示，用户可以根据需要更改其显示方式。具体操作方法如下。

Step01： 右击要设置值显示方式的字段中的任意项，在弹出的菜单中选择"值显示方式"选项，在其下级菜单中包含了多种显示方式的选项，此处选择"总计的百分比"选项，如图3-19所示。

Step02： 所选值字段的显示方式随即变为"总计的百分比"形式，如图3-20所示。

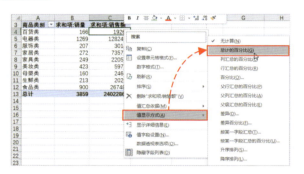

图3-19 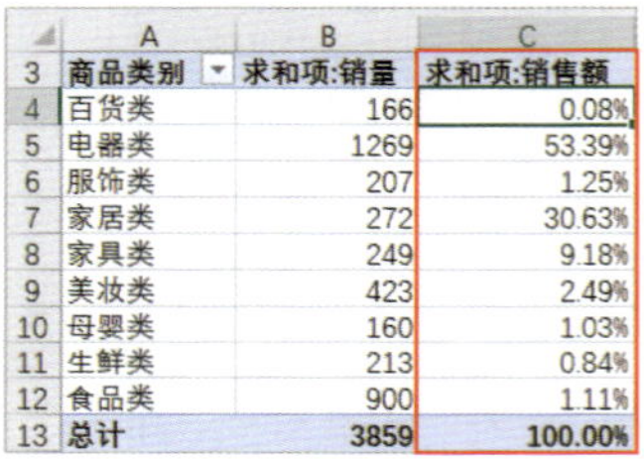   图3-20

3.2.6 创建计算字段

数据透视表中可以根据现有字段进行计算，生成数据源不包含的新字段。例如根据"销售额"计算利润。下面以"销售额"的20%为利润进行计算。

Step01： 选中数据透视表中的任意单元格，打开"数据透视表分析"选项卡，在"计算"组中单击"字段、项目和集"下拉按钮，在下拉列表中选择"计算字段"选项，如图3-21所示。

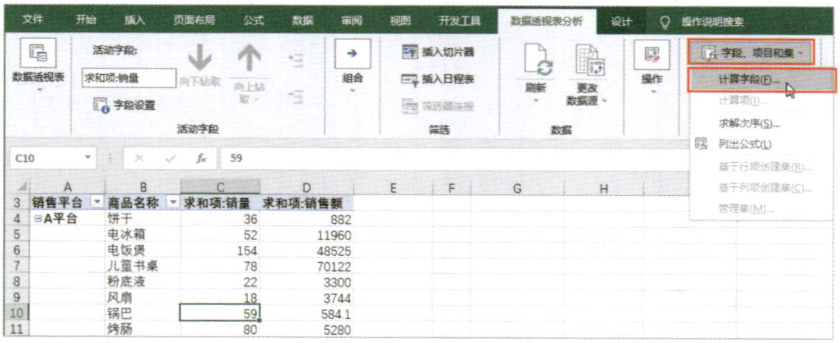

图3-21

Step02：打开"插入计算字段"对话框，设置字段名称为"销售利润"，在"公式"文本框中输入"=销售额*20%"，单击"确定"按钮，如图3-22所示。

Step03：数据透视表中随即被插入"求和项：销售利润"字段，如图3-23所示。

图3-22   图3-23

 注意事项

数据透视表中插入的计算字段会同步出现在"数据透视表字段"窗格中，用户可以在窗格中控制该字段在数据透视表中的显示或删除，如图3-24所示，但是这个计算字段并不会出现在数据源中。

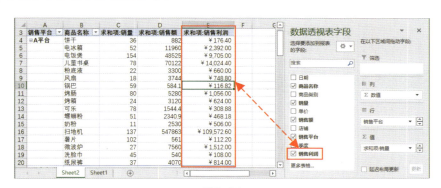

图3-24

3.2.7　设置数据透视表的布局

数据透视表有3种布局形式，分别是"以压缩形式显示""以大纲形式显示"和"以表格形式显示"，默认使用"以压缩形式显示"的布局形式。

若要更改数据透视表布局，可打开"设计"选项卡，在"布局"组中单击"报表布局"下拉按钮，在展开的列表中选择需要的布局，如图3-25所示。

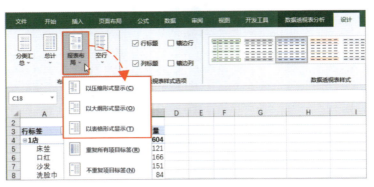

图3-25

3种数据透视表布局的显示效果如图3-26～图3-28所示。

图3-26   图3-27   图3-28

3.3　对数据透视表进行排序筛选

　　数据透视表中的排序筛选和普通数据表稍微有些区别，下面先介绍如何在数据透视表中排序。

3.3.1　数据透视表排序

　　在数据透视表中进行排序的方法很简单，右击需要排序的字段中的任意项，在弹出的菜单中选择"排序"选项，在其下级菜单中选择"升序"或"降序"选项，即可对当前字段进行相应排序，如图3-29所示。

　　另外用户可以通过"行标签"筛选器选择其他排序方式。当行区域中包含多个字段时还可以在筛选器中选择要执行筛选的行字段。下面将对销售员的销售金额进行升序排序。

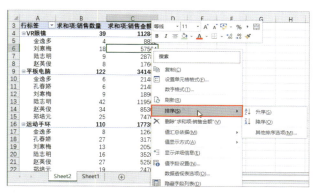

图3-29

Step01：单击"行标签"下拉按钮，在筛选器顶部选择"销售员"字段，随后单击"其他排序选项"选项，如图3-30所示。

Step02：弹出"排序（销售员）"对话框，选择"升序排序（A到Z）依据（A）："单选按钮，并选择"求和项：销售金额"字段，单击"确定"按钮，如图3-31所示。

Step03：数据透视表随即按照员工的销售金额升序排序，如图3-32所示。

图3-30

图3-31

图3-32

3.3.2　数据透视表筛选

在数据透视表中只有行标签中包含筛选按钮，当数据透视表以压缩形式显示时不管有几个行字段都只显示一个筛选按钮，用户需要通过该筛选按钮对数据透视表中的指定字段进行筛选。

（1）筛选行字段

下面以筛选"商品名称"字段中包含"智能"两个字的项为例进行讲解。

Step01：单击"行标签"中的下拉按钮，在展开的筛选器顶部选择要筛选的行字段，随后选择"标签筛选"选项，在其下级列表中选择"包含"选项。

Step02： 弹出"标签筛选（商品名称）"对话框，在右侧文本框中输入"智能"，单击"确定"按钮，如图3-33所示。

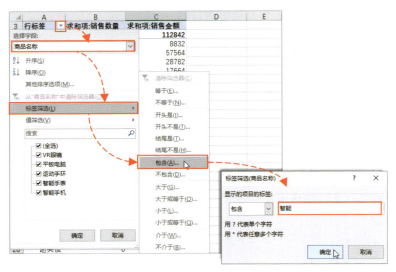

图3-33

Step03： 数据透视表中随即筛选出满足条件的数据，如图3-34所示。

行标签	求和项:销售数量	求和项:销售金额
⊟智能手表	40	75076
金逸多	10	22632
孔春娇	4	2352
刘寒梅	7	13092
陆志明	5	2990
赵英俊	6	20280
郑培元	8	13730
⊟智能手机	70	216716
金逸多	2	6400
孔春娇	18	63544
刘寒梅	7	14700
陆志明	15	31776
赵英俊	16	53508
郑培元	12	46788
总计	110	291792

图3-34

（2）筛选值字段

下面将筛选销售金额大于20万的商品名称。具体操作方法如下。

Step01： 单击"行标签"下拉按钮，在筛选器顶部选择"商品名称"字段，选择"值筛选"选项，在其下级列表中选择"大于"选项。

Step02： 弹出"值筛选（商品名称）"对话框。在最右侧文本框中输入"200000"，单击"确定"按钮，如图3-35所示。

图3-35

Step03： 数据透视表中随即筛选出符合条件的数据，如图3-36所示。

	A	B	C	D
3	行标签	求和项:销售数量	求和项:销售金额	
4	平板电脑	122	341480	
5	金逸多	6	21480	
6	孔春娇	6	21480	
7	刘寒梅	9	18900	
8	陆志明	42	119560	
9	赵英俊	34	85300	
10	郑培元	25	74760	
11	智能手机	70	216716	
12	金逸多	2	6400	
13	孔春娇	18	63544	
14	刘寒梅	7	14700	
15	陆志明	15	31776	
16	赵英俊	16	53508	
17	郑培元	12	46788	
18	总计	192	558196	
19				

图3-36

3.3.3　用切片器筛选数据

在数据透视表中使用"切片器"工具，能够简化数据筛选流程，而且十分容易操作。

（1）插入切片器

插入切片器的方法很简单，用户可以根据需要插入一个切片器或插入多个切片器，下面以插入"品牌"切片器为例进行介绍。

Step01： 选中数据源中的任意单元格，打开"数据透视表分析"选项卡，在"筛选"组中单击"插入切片器"按钮。

Step02： 弹出"插入切片器"对话框，勾选"品牌"字段（可同时勾选多个字段），单击"确定"按钮。

Step03：工作表中随即创建"品牌"切片器，如图 3-37 所示。

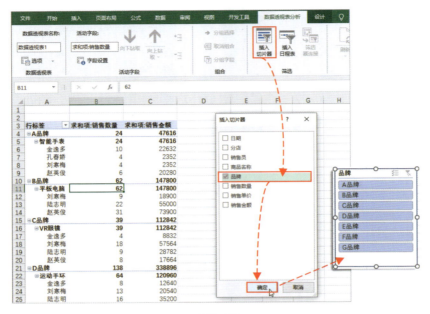

图 3-37

（2）用切片器执行筛选

在切片器中单击指定项的按钮，数据透视表中即可筛选出相应数据，如图 3-38 所示。

图 3-38

单击切片器顶端的"多选"按钮，即可在切片器中同时选中多个按钮，在数据透视表中筛选出多项数据，如图 3-39 所示。

行标签	求和项:销售数量	求和项:销售金额
□B品牌	62	147800
□平板电脑	62	147800
刘寒梅	9	18900
陆志明	22	55000
赵英俊	31	73900
□E品牌	60	193680
□平板电脑	60	193680
金逸多	6	21480
孔春娇	6	21480
陆志明	20	64560
赵英俊	3	11400
郑培元	25	74760
□G品牌	12	26240
□智能手机	12	26240
金逸多	2	6400
孔春娇	2	6400
陆志明	4	6720
赵英俊	4	6720
总计	134	367720

品牌：A品牌、B品牌、C品牌、D品牌、E品牌、F品牌、G品牌

图3-39

操作提示

单击切片器右上角的"清除筛选器"按钮可以清除切片器中的所有筛选。

【案例实战】分析家具发货明细表

本章主要学习了数据透视表的基本用法，包括数据透视表的创建、字段的添加和设置、数据透视表的布局，以及如何使用数据透视表分析数据等。下面将根据家具发货明细数据创建数据透视表，并对数据进行分析。用于创建数据透视表的数据源如图3-40所示。

发货时间	发货单号	销售人员	付款方式	产品名称	发货数量	单价	总金额	客户住址
2023/8/1	M02111022	吴潇潇	定金支付	儿童书桌	4	¥1,500.00	¥6,000.00	狮山原著
2023/8/1	M02111030	张芳芳	货到付款	儿童书桌	4	¥980.00	¥3,920.00	正荣悦岚山
2023/8/2	M02111016	陈真	定金支付	2门鞋柜	2	¥850.00	¥1,700.00	怡邻花园
2023/8/4	M02111008	薛凡	货到付款	2门鞋柜	4	¥599.00	¥2,396.00	拾锦香都
2023/8/9	M02111009	陈真	货到付款	组合书柜	3	¥3,200.00	¥9,600.00	江湾雅苑
2023/8/9	M02111010	薛凡	定金支付	中式餐桌	3	¥5,300.00	¥15,900.00	仁恒世纪
2023/8/10	M02111002	刘丽洋	定金支付	中式餐桌	1	¥2,600.00	¥2,600.00	泉山39度
2023/8/10	M02111005	吴潇潇	现场支付	儿童椅	2	¥120.00	¥240.00	中航樾园
2023/8/10	M02111024	陈真	现场支付	2门鞋柜	4	¥800.00	¥3,200.00	吴郡半岛
2023/8/10	M02111028	吴潇潇	现场支付	现代餐桌	2	¥500.00	¥1,000.00	狮山原著
2023/8/12	M02111017	刘丽洋	定金支付	组合书柜	4	¥7,600.00	¥30,400.00	江湾雅苑

Sheet1

图3-40

（1）创建数据透视表

Step01: 选中数据源中的任意单元格，打开"插入"选项卡，单击"数据透视表"按钮，如图3-41所示。

Step02: 弹出"来自表格或区域的数据透视表"对话框，保持所有选项为默认，单击"确定"按钮，如图3-42所示。

图3-41

图3-42

Step03: 工作簿中随即自动添加新工作簿，并在新工作簿中生成空白数据透视表。在"数据透视表字段"窗格中勾选"产品名称""发货数量""总金额"字段复选框，向数据透视表中添加字段，如图3-43所示。

Step04: 随后在"数据透视表字段"窗格中选择"付款方式"字段，按住鼠标左键，将其拖动至"行"区域，当"产品名称"字段上方显示绿色粗实线时松开鼠标，如图3-44所示。

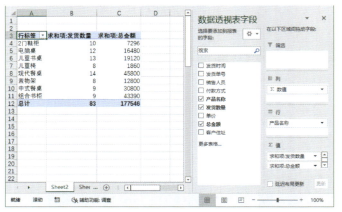

图3-43

图3-44

Step05: 随后参照上一步骤继续将"销售人员"字段拖动至"筛选"区域,完成字段添加,如图3-45所示。

图3-45

（2）设置数据透视表样式

Step01: 选中数据透视表中的任意单元格,打开"设计"选项卡,在"布局"选项卡中单击"报表布局"下拉按钮,在下拉列表中选择"以大纲形式显示"选项,如图3-46所示。

图3-46

Step02: 在当前选项卡中的"数据透视表样式"组中单击"快速样式"下拉按钮,在展开的列表中选择"浅橙色,数据透视表样式中等深浅10"选项,完成数据透视表的布局和美化,如图3-47所示。

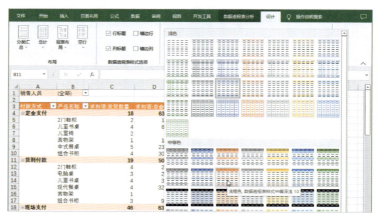

图3-47

（3）设置值字段

Step01：选中数据透视表中的任意单元格，打开"数据透视表分析"选项卡，在"计算"组中单击"字段、项目和集"下拉按钮，在下拉列表中选择"计算字段"选项，如图3-48所示。

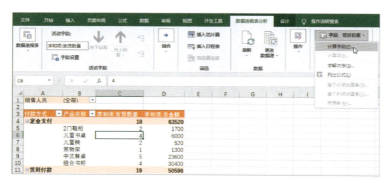

图3-48

Step02：打开"插入计算字段"对话框，输入名称为"销售提成"，在公式文本框中输入"="，随后在"字段"列表中选择"总金额"选项，单击"插入字段"按钮，如图3-49所示。

Step03：所选字段随即被插入公式中，继续输入公式，完整公式为"=总金额*0.02"，单击"确定"按钮，如图3-50所示。

Step04：数据透视表中随即添加"求和项：销售提成"字段，效果如图3-51所示。

Step05：右击"求和项：总金额"字段中的任意项，在弹出的菜单中选择"值显示方式"选项，在其下级列表中选择"总计的百分比"选项，如图3-52所示。

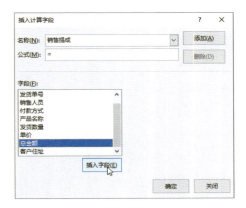
图3-49

图3-50

图3-51

图3-52

Step06： 当前字段的显示方式随即变为"总计的百分比"形式，效果如图3-53所示。

Step07： 右击"求和项：发货数量"字段中的"产品名称"行标签下的任意一个单元格，在弹出的菜单中选择"排序"选项，在其下级菜单中选择"升序"选项，如图3-54所示。

图3-53

图3-54

Step08： 所有产品名称的发货数量随即按升序进行排序，效果如图3-55所示。

图3-55

（4）使用筛选字段筛选数据

Step01： 在数据透视表的筛选区域单击"销售人员"字段中的下拉按钮，在展开的筛选器中选择"刘丽洋"选项，单击"确定"按钮，如图3-56所示。

Step02： 数据透视表中随即筛选出所选销售员的相关信息，如图3-57所示。

图3-56

图3-57

Step03： 再次单击"销售人员"字段中的下拉按钮，在筛选器中勾选"选择多项"复选框，先取消"刘丽洋"复选框的勾选，随后勾选"吴潇潇"和"张芳芳"复选框，单击"确定"按钮，如图3-58所示。

Step04： 数据透视表中随即筛选出所选的多名销售员的相关数据，如图3-59所示。

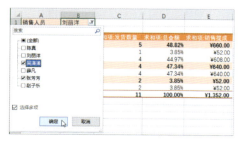

图3-58

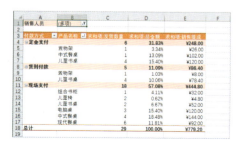

图3-59

第 4 章

快速了解 Power BI

Power BI是一款集合软件服务、应用和连接器的商业智能软件，是一款可视化自助式BI工具。Power BI中的各功能模块协同工作，将相关数据来源转换为连贯的视觉逼真的交互式见解。本章将对Power BI的基础知识进行详细介绍。

扫码看本章视频

4.1　Power BI概述

在学习Power BI之前需要先了解一些基础知识，例如，什么是Power BI，Power BI的作用及组成，Power BI界面，Power BI有几种视图，等。

4.1.1　什么是Power BI

Power BI是微软公司开发的智能商业数据分析工具，使用Power BI可以连接不同类型的数据，将获取的数据整理和转换为符合要求的格式，为多个相关表建立关系以构建数据模型，然后在此基础上创建可视化报表，并在Web和移动设备中使用。

4.1.2　Power BI的作用

Power BI的主要作用包括数据清洗、数据建模、数据可视化和报表分享。既可以作为个人报表的数据处理工具，也可以作为项目组、部门或整个企业的BI部署和决策引擎。它简单易用，核心理念是让业务人员无须编程就能快速上手商业大数据分析，具有丰富的可视化组件，跨设备使用，与各种不同系统无缝对接和兼容。

4.1.3　Power BI的组成和基本元素

（1）Power BI的组成

① Power BI Desktop桌面应用程序　Power BI Desktop是一款Windows桌面应用程序，用于创建、设计和发布报表，包括导入数据、整理数据、转换数据、为数据建模、以可视化的方式展示数据、发布数据等功能。Power BI Desktop可免费下载和使用，但是要发布数据则需要注册Power BI账户。

② Power BI服务　Power BI服务是联机服务型软件，允许用户将制作好的报表发布并共享给他人，可以在Web中查看和使用报表。

③ Power BI移动应用　Power BI移动应用适用于手机、平板电脑以及Windows、iOS和Android设备。

（2）Power BI的基本元素

Power BI的基本元素包括数据集、视觉对象、报表、仪表板和磁贴5种。

① 数据集　数据集是使用Power BI创建报表的基础数据，可以是单一文件中的数据，也可以是来自多个文件或数据库中的数据。无论数据集多复杂，在将数据导入Power BI后，用户都可以按照特定的要求对这些数据进行整理。如删除一些无意义的行或列，将某列中包含的信息按指定的条件拆分，在一维表和二维表之间转换，等。

② 视觉对象　视觉对象也被称为"可视化效果"，是指将数据以图形、图表、地

图等图形化的方式展现出来，从而使用户更容易发现和理解数据背后的含义。

③ 报表 报表是 Power BI 中位于一个或者多个页面中的可视化效果的集合，便于用户从不同的角度观察和分析数据，还可以通过钻取、切片器等工具灵活查看报表中的相关数据。用户可以在页面中随意调整可视化效果的位置和大小。

④ 仪表板 仪表板是 Power BI 服务支持的特定元素，其外观与报表类似。仪表板上的可视化效果可以来自一个或多个数据集，也可以来自一个或多个报表。

⑤ 磁贴 磁贴是 Power BI 服务支持的特定元素，它是仪表板上的一个可视化效果，类似于报表中的一个独立的可视化效果。在一个仪表板中通常包含多个磁贴，可以将磁贴固定在仪表板上，类似于 Windows 10 操作系统中固定在开始屏幕中的磁贴。

4.2 Power BI Desktop 界面及视图

Power BI Desktop 是 Power BI 分析工具中的一个组件，它可以将基础数据创建为可视化报表。下面将对 Power BI Desktop 的界面及3种基本视图进行详细介绍。

4.2.1 Power BI Desktop 界面介绍

Power BI Desktop 主界面很简洁，由功能区、视图区和报表编辑器3个主要部分组成，如图4-1所示。

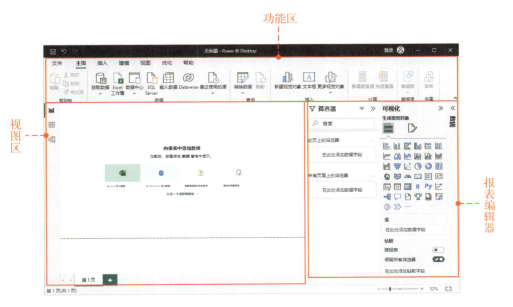

图4-1

① 功能区　位于界面顶部，包含用于数据设计和数据建模的相关选项卡和命令，在不同视图中功能区包含的选项卡也不相同。默认显示的报表视图中包括"文件""主页""插入""建模""视图""优化""帮助"选项卡。

② 视图区　Power BI Desktop 包含 3 种视图，分别为报表视图、数据视图以及模型视图。不同的视图为特定阶段的工作提供了最适合的操作环境和命令。

③ 报表编辑器　报表编辑器位于界面的右下侧，当视图不同时，报表编辑器中显示的窗格也会有所不同。

4.2.2　视图的切换

在 Power BI Desktop 窗口的功能区左下方包含 3 个图标，如图 4-2 所示，从上到下依次为"报表视图""数据视图""模型视图"，单击图标即可切换到相应视图。

图 4-2

4.2.3　报表视图

报表视图提供构建可视化图表的空白画布区域。在报表视图中，可使用创建和导入的表来构建具有吸引力的视觉对象，报表可以包含多个页面，也可以在一个或多个页面中排列多个视觉对象，以创建内容复杂的报表，且可以将报表分享给他人。

报表视图是 Power BI Desktop 默认显示的视图，主要由画布、页面选项卡、各类窗格等部分组成，如图 4-3 所示。

各组成部分的详细说明如下。

（1）画布

功能区下方的大面积空白区域即画布。报表中的所有视觉对象都是排列在画布中的。用户可以对画布的大小及样式进行设置。

（2）页面选项卡

页面选项卡在画布的左下角，默认创建的报表中只有一页，名称为"第 1 页"，若需要组织多组不同的视觉对象，可以添加新的页面。单击"第 1 页"右侧的 ✚ 按钮可以添加新页面。

筛选器窗格　可视化窗格　数据窗格

画布

页面选项卡

图4-3

（3）报表编辑器

报表视图中包含数据窗格、可视化窗格和筛选器窗格，每个窗格的具体作用请翻阅"4.2.6 熟悉报表编辑器"相关内容。

操作提示

报表编辑器中的窗格可以根据需要折叠或展开，用户可通过单击 ≫ 或 ≪ 按钮折叠或展开窗格。

4.2.4　数据视图

数据视图显示的是获取并整理后的数据，以数据模型格式查看报表中的数据，在其中可以添加度量值、创建计算列。

数据视图中包含一个"数据"窗格，该窗格与报表视图中的"数据"窗格类似，窗格中的字段不提供复选框，单击其中的某个字段，可以在数据区域中选中相应的列，如图4-4所示。

4.2.5　模型视图

模型视图显示已在数据模型中建立的关系，即 Power BI Desktop 中所有表的关系，并可以根据需要管理、修改、构建关系，即数据建模。每个表以缩略图的形式显示，缩略图中显示表的名称和字段标题，每个表之间存在关系的字段会自动生成连接线，如图4-5所示。

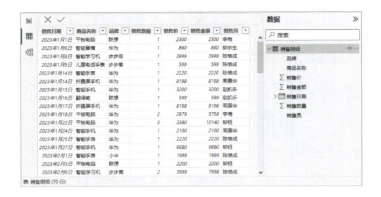

图4-4

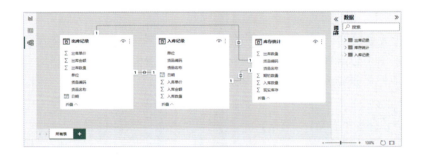

图4-5

4.2.6 熟悉报表编辑器

报表编辑器用于设计最终用户所看到的报表，其中包含图表、表格、地图和其他视觉对象。Power BI Desktop报表编辑器包含以下3种窗格。

（1）"数据"窗格

在Power BI Desktop中加载数据后，"数据"窗格中会显示表名称及表中的所有字段。通过复选框的勾选可将字段添加至画布中，进而生成视觉对象。字段的类型决定了默认创建的视觉对象的类型。文本型字段默认创建"表"视觉对象，数值型字段默认创建"簇状柱形图"视觉对象。

（2）"可视化"窗格

"可视化"窗格中包含大量的视觉对象，这些视觉对象以图标的形式在窗格中排列，通过不同效果的选择可以让数据在画布上呈现相应的视觉效果。该窗格中包含3个选项卡，从左到右分别为"生成视觉对象""设置视觉对象格式"和"分析"。

① 生成视觉对象　将数据添加到视觉对象，并设置字段的钻取，如图4-6所示。

② 设置视觉对象格式　对画布上当前选中的视觉对象进行细节设置，如图4-7

所示。

③ 分析　向视觉对象添加进一步分析，例如添加平均值线、误差线等，如图4-8所示。

图4-6　　　　　　　图4-7　　　　　　　图4-8

（3）"筛选器"窗格

在"筛选器"窗格中可以对视觉对象上的数据进行筛选，从而在报表的视觉对象中显示最关心的数据。在Power BI Desktop中，按照作用的范围，筛选器可以分为视觉级筛选器、页面级筛选器和报告级筛选器。

① 视觉级筛选器是最常用的筛选器，当画布中没有视觉对象时，该筛选器不会出现，只有创建并选中一个视觉对象后，才会出现。

② 页面级筛选器就是可以筛选当前报表页面中所有视觉对象的筛选器，具体设置方法和视觉级筛选器类似，不同之处在于，页面级筛选器在设置前不需要选中视觉对象，只需要将想筛选的字段拖放到筛选器中的"此页上的筛选器"即可。

③ 报告级筛选器位于页面级筛选器的下方，其作用范围更广，不仅可以筛选当前页面的全部视觉对象，还可以筛选报表内其他页面的视觉对象。在Power BI Desktop中将制作好的报表发布到Power BI服务后，创建的筛选器依然有效，同样可以在Power BI服务中进行报表的筛选。

4.3　Power BI Desktop 的基础应用

对Power BI Desktop的界面以及视图有所了解后，下面将继续介绍Power BI Desktop的基础应用，包括Power BI Desktop的下载和安装、数据的导入、报表的创建等。

4.3.1　Power BI Desktop 的主要工作

使用 Power BI Desktop 可以根据导入的基础数据创建可视化报表，其主要工作，如图 4-9 所示。

图 4-9

（1）获取数据源

Power BI Desktop 可以连接数据源，并从中获取数据。

（2）构建数据模型

Power BI Desktop 可以对获取到的数据按需要整理和转换，并为多个具有内在联系的表创建关系，从而构建数据模型。

（3）数据可视化转换

Power BI Desktop 通过视觉对象将获取到的数据以图形的方式进行展示。

（4）生成分析报表

Power BI Desktop 在一个或多个页面中整合多个视觉对象，从而建立业务分析报表。

（5）发布报表

Power BI Desktop 可以将制作完成的报表发布到 Power BI 服务。

4.3.2　Power BI Desktop 的运行环境

若想安装及运行 Power BI Desktop，计算机需要满足的各项条件见表 4-1。

表 4-1

项目	要　　求
操作系统	Windows 7、Windows 8、Windows 8.1、Windows 10、Windows 11、Windows Server 2008 R2、Windows Server 2012，需要安装.Net Framework 4.5
浏览器	Internet Explorer 10或更高版本
CPU	1GHz或更快的X86或X64位处理器
内存	可用内存至少为1GB，2GB最佳
显示分辨率	至少为1440像素×900像素或1600像素×900像素（16：9），不建议使用1024像素×768像素或1280像素×800像素，以防某些控件因分辨率过低无法显示

4.3.3　Power BI Desktop 的下载和安装

Power BI Desktop 可免费下载。下面将介绍下载和安装最新版 Power BI Desktop 桌面应用程序的具体步骤。

（1）Power BI Desktop 的下载

Step01：通过官方网址打开微软的 Power BI Desktop 下载页面，单击"免费下载"按钮，如图4-10所示。

图4-10

Step02：在打开的网页中根据需要选择语言。默认选择的是 English（英文版），网页中的文字也以英文显示。中文包括 Chinese（Simplified）（简体中文版）和 Chinese（Traditional）（繁体中文版）两种选项，此处选择 Chinese（Simplified），如图4-11所示。

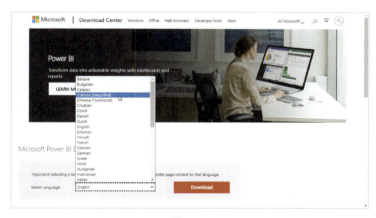

图4-11

Step03：当选择好语言后，网页中的文本会随之自动更改为相应语言，随后单击"下载"按钮，如图4-12所示。

Step04：在打开的新页面中勾选要下载的文件，带有 X64 的文件名适用于64位的 Windows 操作系统，不带 X64 的文件名适合32位的 Windows 操作系统，选择好后单击页面右下角的"Next"按钮，如图4-13（a）所示。

Step05：在打开的"新建下载任务"对话框中选择好文件的保存路径，单击"下载"按钮，即可将 Power BI Desktop 应用程序下载到计算机中的指定位置，如图4-13（b）所示。

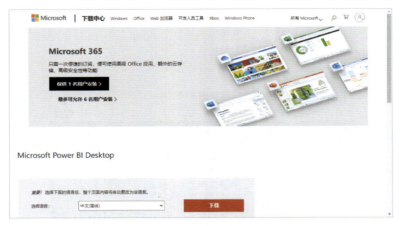

图4-12

(a)

(b)

图4-13

（2）Power BI Desktop的安装

Step01：应用程序下载成功后，根据保存路径找到PBIDesktopSetup_x64.exe选项，并双击该选项，启动程序安装模式，如图4-14所示。

图4-14

Step02：根据安装向导的文字提示，单击"下一步"按钮，进入下一步操作，如图4-15、图4-16所示。

Step03：勾选"我接受许可协议中的条款"复选框，单击"下一步"按钮，如图4-17所示。

Step04：若不满意默认的安装路径，可以单击"更改"按钮，重新选择应用程序的安装路径，接着单击"下一步"按钮，如图4-18所示。

图4-15   图4-16

图4-17

图4-18

Step05： 若要在桌面上显示软件的快捷图标，则保持"创建桌面快捷键"复选框为勾选状态，单击"安装"按钮，如图4-19所示。

Step06： 应用程序安装完成后单击"完成"按钮即可，若"启动 Microsoft Power BI Desktop"复选框为勾选状态，则对话框关闭后应用程序会自动启动，如图4-20所示。

图4-19

图4-20

4.3.4　向Power BI Desktop中导入Excel数据

启动Power BI Desktop，在默认的报表视图中可通过"数据"窗格、视图区以及功能区等多处位置提供的选项导入数据，如图4-21所示。

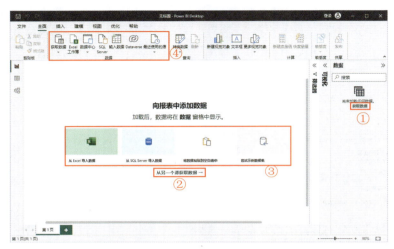

图4-21

下面以导入Excel工作簿中的数据为例进行介绍，用户可通过图4-21中②③指示的任意一处来完成该操作。

Step01：在画布中单击"从Excel导入数据"按钮，如图4-22所示。

Step02：弹出"打开"对话框，选择要导入其中数据的Excel工作簿，单击"打开"按钮，如图4-23所示。

图4-22

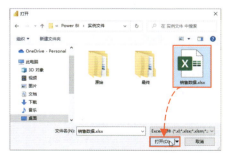

图4-23

Step03：打开"导航器"对话框，此时对话框左侧会显示工作簿中的所有工作表（若工作簿中包含多张工作表，用户可根据需要勾选要导入的工作表），本例所选择的工作簿中只包含一张工作表（Sheet1），勾选其复选框，随后单击"加载"按钮，如图4-24所示。

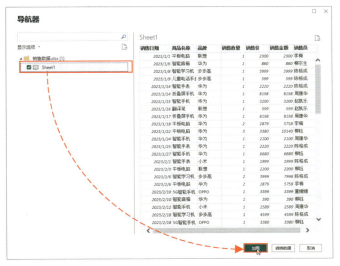

图4-24

Step04：数据经过加载后便会被导入Power BI Desktop中，在"数据"窗格中会显示导入的工作表名称，单击工作表名称可以看到所有字段，勾选字段复选框即可将对应的数据添加到画布中，并以报表形式显示，如图4-25所示。

图4-25

操作提示

导入数据后需要及时保存数据，单击窗口左上角保存按钮，弹出"另存为"对话框，选择好文件的保存路径并输入文件名，随后单击"确定"按钮即可。

4.3.5　创建可视化报表

将数据添加到报表中后，在"可视化"窗格中勾选需要的字段，便可以自动向画布中添加数据并生成报表，一个画布中可以生成多个报表并生成不同的视觉对象。

（1）对比销售员的销售金额

在Power BI Desktop中导入销售数据后在"数据"窗格中的Sheet1表中依次勾选"销售员"和"销售金额"字段复选框，在画布中创建报表。勾选复选框时应注意先后顺序，先勾选的字段会在报表的左侧列中显示，如图4-26所示。

图4-26

在"可视化"窗格中单击"簇状柱形图"按钮，即可将报表转换成相应样式的图表，通过图表可以直观对比每位销售员的销售金额，如图4-27所示。

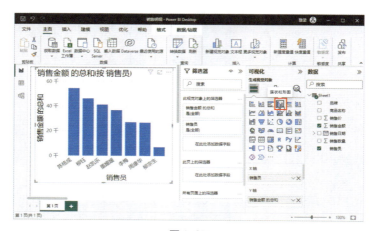

图4-27

（2）查看不同品牌占销售总金额的比例

在画布中的空白位置单击，取消对象的选中状态，在"数据"窗格中依次勾选"品牌"和"销售金额"字段，画布中随即新增一个包含相应字段的报表，如图 4-28 所示。

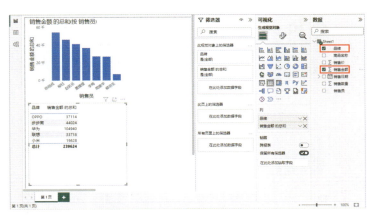

图 4-28

在"可视化"窗格中单击"饼图"按钮，报表随即被转换成饼图，通过饼图可以观察到每个品牌在销售总金额中的占比，如图 4-29 所示。

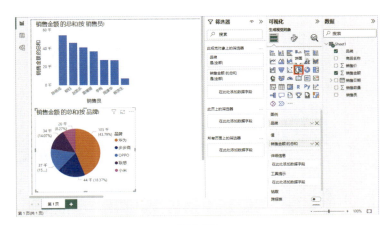

图 4-29

（3）显示总金额值

在"数据"窗格中选择"销售金额"字段，按住鼠标左键，向画布中的合适位置拖动，如图 4-30 所示。

所添加的字段随即在画布中自动生成簇状柱形图，如图 4-31 所示。此时用柱形图并不能很好地体现销售金额的总值，所以还需要将其转换成数值。

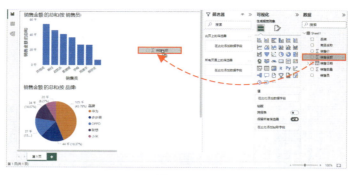

图4-30

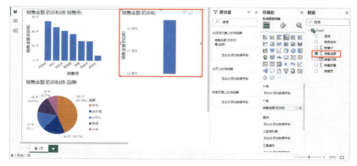

图4-31

在"可视化"窗格中单击"卡片图"按钮，即可将报表中的销售金额总和转换成数字，如图4-32所示。

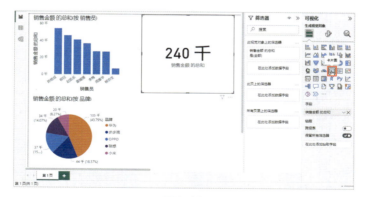

图4-32

（4）根据日期筛选报表

在"数据"字段中将"销售日期"字段拖动到画布中的合适位置，如图4-33所示。

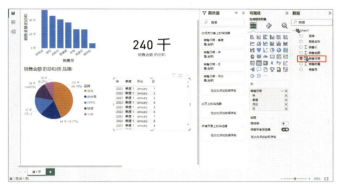

图4-33

在"可视化"窗格中单击"切片器"按钮，日期字段随即根据日期范围进行自动分组，由于本例仅包含2023年的销售记录，所以当前视觉对象中仅显示2023 1个分组，如图4-34所示。

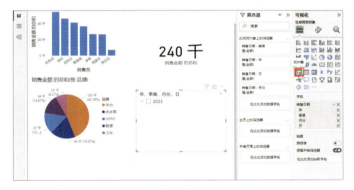

图4-34

展开2023年份分组，可以看到包含季度1~季度4共4个选项，选择其中一个季度，其他视觉对象随即会筛选出相应数据，如图4-35所示。

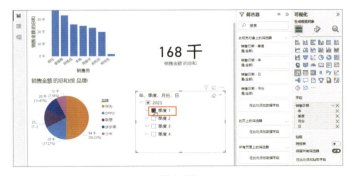

图4-35

4.3.6 重命名页面选项卡及表名称

从Excel中导入数据时，表名称默认使用Excel工作表的名称，用户也可修改表名称。另外选项卡的名称也可根据需要进行修改，如图4-36所示。

图4-36

具体操作方法如下。

（1）重命名表名称

选择表名称，单击右侧的三个点，如图4-37所示。在展开的列表中选择"重命名"选项，如图4-38所示。表名称随即变为可编辑状态，输入新的表名称即可，如图4-39所示。

图4-37　　　　　　　　图4-38　　　　　　　　图4-39

（2）重命名页面选项卡

右击页面选项卡，在弹出的菜单中选择"重命名页"选项，如图4-40（a）所示。页面选项卡中的文字随即变为可编辑状态，手动输入名称，随后按Enter键即可完成重命名，如图4-40（b）所示。

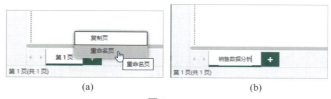

(a)　　　　　　　　　　(b)

图4-40

4.4　数据源的获取和整理

Power BI Desktop可以轻松连接到数据源，通过数据可视化发现重要内容，并可以根据需要将报表与任何人共享。数据源除了从上文介绍的Excel电子表格中获取，也可以从基于云和本地混合数据仓库的集合中获取。

4.4.1　连接各种类型的文件

获取数据源是在Power BI Desktop中创建报表、可视化数据的第一步。若要连接指定文件中的数据，可以在"主页"选项卡中单击"获取数据"下拉按钮，在下拉列表中选择"更多"选项，如图4-41所示。在打开的"获取数据"对话框中显示多种可以连接的数据源类型，包括文件、数据库、Power Platform、Azure、联机服务和其他，如图4-42所示。

图4-41　　　　　　　　　　　　　　　图4-42

（1）连接到文件

Power BI提供Excel、文本/CSV、XML、JSON等文件的连接方式，下面以连接文本文件中的数据为例进行讲解。

Step01：在"获取数据"对话框中选择"文件"选项，随后选择"文本/CSV"选项，单击"连接"按钮，如图4-43所示。

Step02：系统随即弹出"打开"对话框，选择要使用的文本文件，单击"打开"按钮，连接数据，数据连接成功后会在随后弹出的对话框中形成预览，若单击"加载"按钮，会直接导入数据。此处单击"转换数据"按钮，如图4-44所示。

Step03：进入Power Query编辑器，在这里可以对数据进行各种处理以及数据转换。此处选中"序号"列，在"主页"选项卡中单击"删除列"按钮，将该列删除，如图4-45所示。

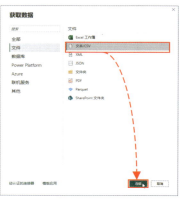

图4-43　　　　　　　　　　　图4-44

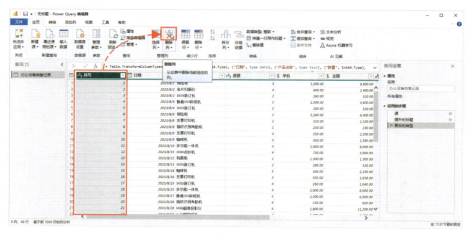

图4-45

Step04： 数据编辑完成后单击窗口右上角 ⊠ 按钮，关闭编辑器，系统随即弹出对话框，询问是否要立即应用更改，单击"是"按钮，即可将数据导入Power BI Desktop，如图4-46所示。

图4-46

（2）连接到数据库

Power BI支持市面上所有类型数据库，在"获取数据"对话框中选择"数据库"

选项，可以看到所有支持的数据库类型，如图4-47所示。选择需要的数据库类型，根据对话框中提供的选项输入服务器地址以及数据库名称等，即可完成数据库的连接。

图4-47

（3）连接到 Web 网页

Power BI 提供从网页直接抓取数据的服务。下面将介绍具体操作方法。

Step01：打开"获取数据"对话框，选择"其他"选项，随后选择"Web"选项，单击"连接"按钮，如图4-48所示。

Step02：在随后弹出的对话框中输入要抓取数据的网址（此处以中国气象局-天气预报官网首页数据为例），单击"确定"按钮，如图4-49所示。

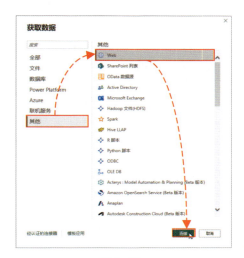

图4-48

图4-49

Step03： 网站中的表格型数据随即被抓取，在"导航器"对话框中勾选对应的表名
称可以预览数据，若勾选多个表，单击"加载"按钮，可同时加载多个表中的数据，
如图4-50所示。

图4-50

4.4.2 输入或复制内容创建新表

Power BI Desktop支持通过输入或粘贴内容创建表。用户可以通过复制粘贴的方
法获取其他文件中的部分数据。

（1）输入数据创建表

Step01： 启动Power BI Desktop，在"主页"选项卡中的"数据"组内单击"输入
数据"按钮，如图4-51所示。

图4-51

Step02： 打开"创建表"对话框，此时对话框中包含一个可用单元格，默认单元格
为"列1"，如图4-52所示。

Step03: 单击行标题下方的 ⊞ 按钮或列标题右侧的 ⊞ 按钮可以增加空白行或空白列。修改列标题并在表格中输入相关内容，在对话框的左下角"名称"文本框中可以设置表名称。表内容输入完成后单击"加载"按钮即可将数据加载到Power BI Desktop中，如图4-53所示。

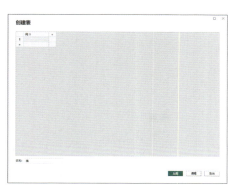

图4-52

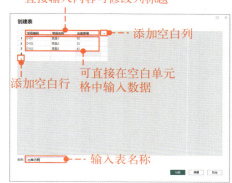

直接输入内容可修改列标题
添加空白列
可直接在空白单元格中输入数据
添加空白行
输入表名称

图4-53

（2）复制其他文件的数据创建表

Step01: 打开要复制其中数据的文件，此处以复制Excel中的数据为例，选中要复制的数据区域，按Ctrl+C组合键复制，如图4-54所示。

Step02: 启动Power BI Desktop，在"主页"选项卡中的"数据"组内单击"输入数据"按钮。打开"创建表"对话框，右击列标题或空白单元格，在弹出的菜单中选择"粘贴"选项，如图4-55所示。

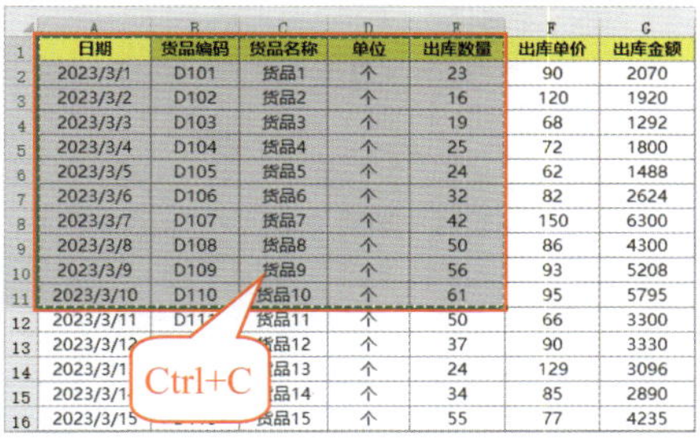

图4-54

图4-55

Step03: 复制的数据随即被粘贴到当前对话框中的表内，设置好表名称，单击"加载"按钮，即可将数据加载到Power BI Desktop中，如图4-56所示。

图4-56

4.4.3　刷新数据

　　数据加载到Power BI Desktop中以后，若数据源的内容发生了变化，可以通过刷新让加载的数据和数据源保持同步。

　　刷新数据的方法有很多，用户可以在"主页"选项卡中单击"刷新"按钮刷新数据，如图4-57所示，也可以在"数据"窗格中右击表名称，在弹出的菜单中选择"刷新数据"选项刷新数据，如图4-58所示。

图4-57　　　　　　　　　　　　　　　　　　　　　图4-58

4.4.4　更改数据源

　　当数据源的名称或位置被更改时，在Power BI Desktop中刷新数据后将弹出对话框，提示找不到数据源，如图4-59所示。

　　此时需要将数据源的名称或位置还原，若无法还原则需要重新指定数据源，具体操作方法如下。

Step01： 在任意视图中打开"主页"选项卡，单击"转换数据"下拉按钮，在下拉列表中选择"数据源设置"选项，如图4-60所示。

图4-59   图4-60

Step02： 打开"数据源设置"对话框，单击"更改源"按钮，如图4-61所示。

图4-61

Step03： 在弹出的对话框中选择好文件的格式，单击"浏览"按钮，重新指定数据源，设置完成后单击"确定"按钮即可，如图4-62所示。

图4-62

4.4.5 删除表

当不再需要使用某个表时，可以将该表删除，在"数据"窗格中右击要删除的表，在弹出的菜单中选择"从模型中删除"选项，如图4-63所示。系统随即弹出"删除表"对话框询问是否删除当前的表，单击"是"按钮即可将表删除，如图4-64所示。

图4-63

图4-64

Power BI **注意事项**

一旦将表删除将无法撤销操作，只有重新连接并加载，才能重新获得该表的数据。

【案例实战】 抓取网站数据并生成图表

本章主要介绍了Power BI的基础知识，以及Power BI Desktop桌面应用程序的基础应用和数据源的加载等。下面将综合本章所学知识抓取网站中的数据，并使用图对数据进行直观展示。

（1）从网站抓取数据

Step01：启动Power BI Desktop，在视图区中单击"从另一个源获取数据"文字，如图4-65所示。

Step02：打开"获取数据"对话框，单击"其他"选项卡，选择"Web"选项，单击"连接"按钮，如图4-66所示。

Step03：打开"从Web"对话框，在文本框中输入要抓取数据的网址，单击"确定"按钮，如图4-67所示。

Step04：打开"导航器"对话框，此时在对话框左侧会显示从网页中抓取到的所有表，选中表名称可以在右侧"表视图"区域中预览表内容，勾选需要使用的表的左侧复选框，单击"加载"按钮，如图4-68所示。

图4-65

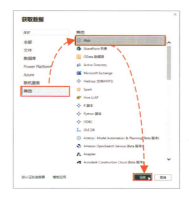

图4-66

图4-67❶

图4-68

---

❶ 本例所用网页数据来自国家统计局官网。

Step05：所选表随即被加载到Power BI Desktop中，在"数据"窗格中可以看到这些表，如图4-69所示。

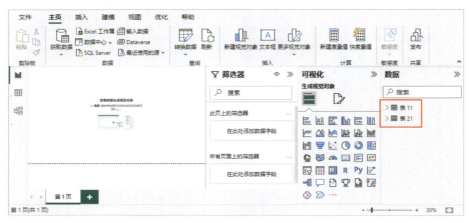

图4-69

（2）设置表名称并删除多余字段

Step01：右击表名称，在弹出的菜单中选择"重命名"选项，如图4-70所示。

Step02：所选表名称随即变为可编辑状态，如图4-71所示。

Step03：手动输入新的表名称，随后使用此方法继续修改其他表名称，如图4-72所示。

图4-70   图4-71   图4-72

Step04：单击"商品增长"表左侧的 > 按钮，展开表中的所有字段，在需要删除的字段上右击，在弹出的菜单中选择"从模型中删除"选项，如图4-73所示。

Step05：弹出"删除列"对话框，单击"是"按钮，如图4-74所示，所选字段随即被删除。

图4-73　　　　　　　　　　　　　　图4-74

（3）创建可视化报表

Step01：在"数据"窗格中的"商品增长"表中先勾选"商品名称"字段左侧的复选框，再勾选"金额（亿元）"字段左侧的复选框，将明细数据添加到报表视图中，此时数据默认以"表"对象形式显示，如图4-75所示。

图4-75

Step02：默认情况下视图中的对象会随着窗口的缩放自动调节大小，当窗口太小时，表中的数据也会被缩小，从而影响数据的显示，此时可以单击"表"对象下方的"焦点模式"按钮，如图4-76所示。

Step03：当前对象随即被切换为"焦点模式"，在该模式下，不管窗口如何变化，对象始终保持最大化，若一个视图中包含多个对象也只会显示焦点模式的对象，若要恢复为可移动的对象模式，可以单击"返回到报表"按钮，如图4-77所示。

Step04：在"可视化"窗格中单击"树状图"按钮，可将报表转换为相应的图表，如图4-78所示。

图 4-76

图 4-77

图 4-78

第 5 章

在Power Query中
清洗数据源

　　将数据加载到Power BI Desktop之后，需要对数据进行一系列的处理、转换等操作，这样数据的内容和格式将更符合使用要求。本章将对数据行列的调整、标题的设置、数据类型的转换、字符的替换、字符的提取、数据的合并或拆分、数据的排序和筛选等进行详细介绍。

扫码看本章视频

5.1　认识Power Query编辑器

Power BI的数据处理通常都是在Power Query编辑器中完成的，在Power Query中可以对数据进行清洗、转换、拆分、合并等一系列操作。

5.1.1　启动Power Query编辑器

用户可以在连接数据源、加载数据之前启动Power Query编辑器，也可以在数据加载成功后启动Power Query编辑器。

（1）连接数据源时启动Power Query编辑器

连接数据源时在"导航器"窗格中单击"转换数据"按钮，便可打开Power Query编辑器，如图5-1所示。

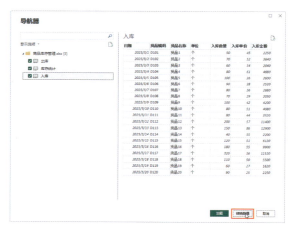

图5-1

（2）根据已经加载的表启动Power Query编辑器

在"数据"窗格中右击任意一个表名称，在弹出的菜单中选择"编辑查询"选

图5-2

图5-3

项，如图5-2所示，即可打开Power Query编辑器，Power BI Desktop中加载的所有表都会出现在Power Query编辑器中，如图5-3所示。

5.1.2 熟悉Power Query编辑器界面

Power Query编辑器主要由功能区、查询窗格、当前视图、查询设置窗格以及状态栏几个部分组成，如图5-4所示。

图5-4

（1）功能区

功能区中包含"文件"按钮以及"主页""转换""添加列""视图""工具""帮助"6个选项卡，用于添加、转换、选择、查询选项以及访问不同的功能区按钮可完成各种任务。

①"文件"按钮　提供关闭、保存、功能设置等操作按钮。

② 主页选项卡　提供了常见的查询功能，包括任何查询任务中的第一步"新建源"，即获取数据。

③ 转换选项卡　提供了对常见数据转换任务的访问，如添加或删除列、更改数据类型、拆分列和其他数据驱动任务。

④ 添加列选项卡　提供了与添加列、设置数据格式和添加自定义相关联的其他功能。

⑤ 视图选项卡　用于切换显示的窗格或窗口，还用于显示高级编辑器。

⑥ 工具选项卡　提供有关所选步骤之前查询的信息，对于了解查询中在本地或远程执行的操作最有用，还可以让用户更深入地了解各种其他情况。

⑦ 帮助选项卡　提供学习指导以及其他操作上的帮助，可在Power BI团队博客上浏览有关产品的最新信息，通过Power BI相关途径进行沟通、共享文件等。

（2）查询窗格

窗口左侧的查询窗格用于显示处于活动状态的查询以及所有查询的名称。当在查询窗格中选择一个查询时，数据会显示在窗口中间的当前视图中。

（3）当前视图

当前视图为主工作视图，默认情况下显示查询窗格中所选表的数据的预览。用户不仅可以启用关系图视图和数据预览视图，还可以在维护关系图视图的同时在架构视图和数据预览视图之间切换，如图5-5所示。

（4）查询设置窗格

窗口右侧的查询设置窗格中会显示当前查询的名称、在查询表中执行过的所有步骤等，如图5-6所示。

图5-5   图5-6

（5）状态栏

状态栏位于窗口最底部，显示有关查询的相关重要信息，例如执行时间、总列数、总行数以及处理状态等，如图5-7所示。

图5-7

5.2　行和列的快速调整

在Power Query编辑器中可以对行和列进行选择、删除、保留、移动等操作。通过"主页"选项卡中的"选择列""删除列""保留行"和"删除行"4个按钮可以对查询表中的行或列执行相应操作，如图5-8所示。

5.2.1　选择行和列

用户可使用"选择列"功能快速选择指定的一列或者多列，或直接通过鼠标单击快速选择需要的行或列。下面将介绍具体操作方法。

（1）使用"选择列"功能选择列

Step01：在"主页"选项卡中单击"选择列"下拉按钮，下拉列表中包含"选择列"和"转到列"两个选项，此处选择"选择列"选项，如图5-9所示。

图5-8　　　　　　　　　　　　　图5-9

Step02：弹出"选择列"对话框，对话框中的所有字段左侧均提供复选框，默认状态下所有字段全部被选中，此时可以单击"（选择所有列）"复选框，取消全选，随后勾选要选中的列，最后单击"确定"按钮，如图5-10所示。

Step03：被勾选的列随即被选中，查询表中的其他列会被隐藏，如图5-11所示。

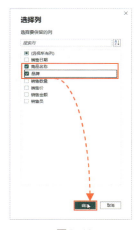

图5-10　　　　　　　　　　　　图5-11

操作提示

　　若要显示所有列，可以再次打开"选择列"对话框，勾选所有列，单击"确定"按钮即可。

　　若在"选择列"下拉列表中选择"转到列"选项，则会弹出"转到列"对话框，在该对话框中每次只能选择一列，单击"确定"按钮，如图5-12所示。查询中的对应列即可被选中，其他列可以正常显示，不会被隐藏，如图5-13所示。

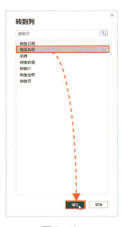

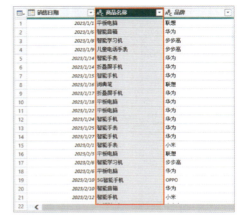

图 5-12　　　　　　　　　　图 5-13

（2）使用鼠标单击选择行或列

将光标移动到列标题位置，单击鼠标即可快速选中该列，如图 5-14 所示。如要同时选中多列可按住 Ctrl 键，依次单击要选中的列，如图 5-15 所示。

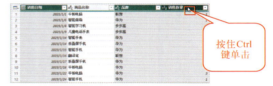

图 5-14　　　　　　　　　　图 5-15

单击行号则可选中一行，当选中一行后，表下方会显示所选行中每个字段的详细内容，如图 5-16 所示。在 Power Query 编辑器中一次只能选择一行。

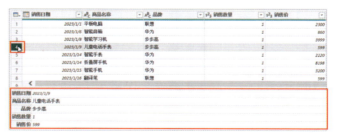

图 5-16

5.2.2　删除行和列

加载数据后，若数据源中包含一些无意义的数据或多余的内容，可以将包含这些数据的行或列删除。

（1）删除列

在"主页"选项卡中单击"删除列"下拉按钮，下拉列表中包含"删除列"和"删除其他列"选项，如图5-17所示。选择"删除列"选项可以将选中的列删除，若选择"删除其他列"选项则可以将除了所选列之外的所有列删除。

（2）删除行

在"主页"选项卡中单击"删除行"下拉按钮，下拉列表中包含了多种选项，如图5-18所示。用户可以根据需要选择要执行的操作。

图5-17

图5-18

"删除行"下拉列表中的各种选项说明如下。

① 删除最前面几行　弹出"删除最前面几行"对话框，通过输入数字删除最前面的具体行数。

② 删除最后几行　弹出"删除最后几行"对话框，通过输入数字删除最后面的具体行数。

③ 删除间隔行　弹出"删除间隔行"对话框，通过输入要删除的第一行、要删除的行数、要保留的行数3项数值用来确定要删除的行。

④ 删除重复项　删除当前选定列中包含重复值的行。

⑤ 删除空行　删除当前表中的所有空行。

⑥ 删除错误　删除当前选定列中包含错误的行。

（3）保留行

保留行与删除行的操作相反，用户可通过保留指定行的方法删除不需要的行。

单击"主页"选项卡中的"保留行"下拉按钮，通过下拉列表中的选项可以执行相应的要保留指定行的操作，如图5-19所示。

图5-19

5.2.3　调整列位置

单击列标题选中要调整位置的列，按住鼠标左键向目标位置拖动，当表位置出现黑色粗实线时松开鼠标，如图5-20所示。所选列即可被移动到目标位置，如图5-21所示。

图5-20　　　　　　　　　　　图5-21

5.2.4　复制指定的列

若要对某列数据进行其他设置，但是不想破坏原数据，此时可以选择复制列。具体操作方法如下。

Step01：选中需要复制的列，切换到"添加列"选项卡，在"常规"组中单击"复制列"按钮，如图5-22所示。

Step02：所选列随即被复制，复制出的列会在表格最右侧显示，如图5-23所示。

图5-22　　　　　　　　　　　图5-23

5.3　数据的整理和转换

数据源中的内容或数据的格式常常存在很多问题，使用Power BI Desktop进行数据分析之前还需要对数据源进行整理和格式转换。

5.3.1　将第一行数据设置为列标题

加载数据时若没有自动生成标题，可以在Power Query编辑器中进行转换或手动输入标题。

若数据源本身是包含标题的，只是在加载时没有自动识别为标题，可以直接将第一行数据转换为标题。

Step01：打开"主页"选项卡，单击"将第一行用作标题"按钮，如图5-24所示。

Step02：表格第一行的数据随即被用作标题，效果如图5-25所示。

图5-24 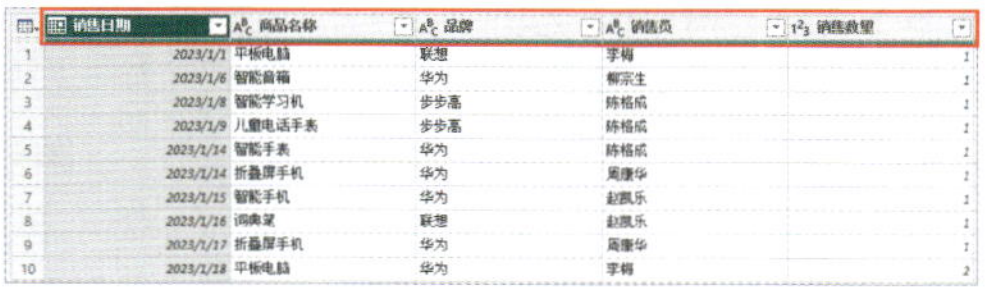　　　　　　　　　　　　　　　　图5-25

操作提示

Power Query编辑器中，表的第一行数据和标题可以实现自由转换。在"主页"选项卡中单击"将第一行用作标题"下拉按钮，通过选择下拉列表中的"将标题作为第一行"，还可以将现有的标题转换为表的第一行数据，如图5-26所示。

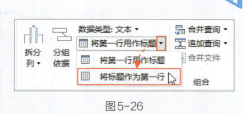

图5-26

5.3.2　手动输入标题

若数据源中本来就不存在标题，用户也可以手动输入标题。下面介绍具体操作方法。

Step01：双击标题，让标题进入可编辑状态，如图5-27所示。

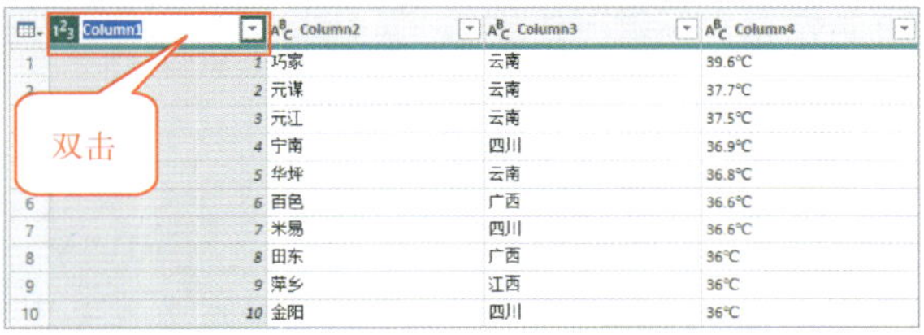

图5-27

Step02：手动输入标题，随后继续双击其他列的标题，手动输入新的标题即可，如

图5-28所示。

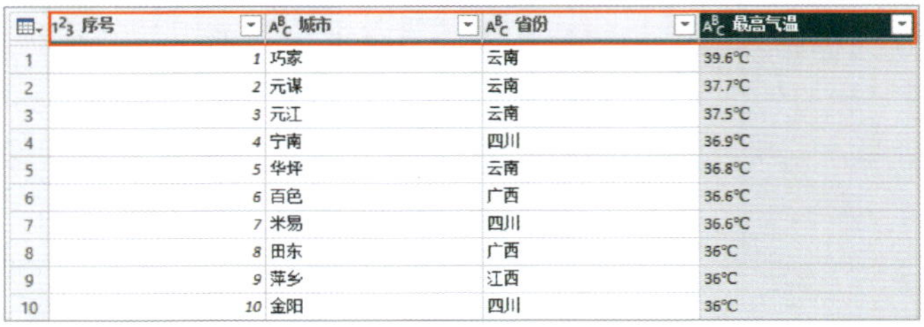

	序号	城市	省份	最高气温
1	1	巧家	云南	39.6℃
2	2	元谋	云南	37.7℃
3	3	元江	云南	37.5℃
4	4	宁南	四川	36.9℃
5	5	华坪	云南	36.8℃
6	6	百色	广西	36.6℃
7	7	米易	四川	36.6℃
8	8	田东	广西	36℃
9	9	萍乡	江西	36℃
10	10	金阳	四川	36℃

图5-28

操作提示

除了双击标题，也可右击标题，在弹出的菜单中选择"重命名"选项，使标题进入可编辑状态，进而对标题名称进行修改，如图5-29所示。

图5-29

5.3.3 更改数据类型

Power BI Desktop支持对数据类型的修改。可用的数据类型包括小数、定点小数、整数、百分比、日期/时间、文本、二进制等。下面将介绍更改数据类型的具体操作方法。

Step01：在Power Query编辑器中选择要更改数据类型的列中的任意一个单元格，在"主页"选项卡中单击"数据类型：小数"按钮（由于当前所选字段的数据类型为小数，所以按钮中显示小数），在下拉列表中选择"百分比"选项，如图5-30所示。

Step02：所选字段中的数据类型随即被更改为百分比形式，如图5-31所示。

图5-30

图5-31

5.3.4　批量替换指定内容

Power BI Desktop 也支持对数据进行批量替换。下面将介绍具体操作方法。

（1）常规替换

下面将把表中的"翻译笔"批量替换为"词典笔"。

Step01： 打开 Power Query 编辑器，在"商品名称"字段标题处右击，在弹出的菜单中选择"替换值"选项，如图5-32所示。

Step02： 弹出"替换值"对话框，在"要查找的值"文本框中输入"翻译笔"，在"替换为"文本框中输入"词典笔"，单击"确定"按钮，如图5-33所示。

图5-32

图5-33

Step03："商品名称"字段中的所有"翻译笔"随即被替换为"词典笔"，如图5-34所示。

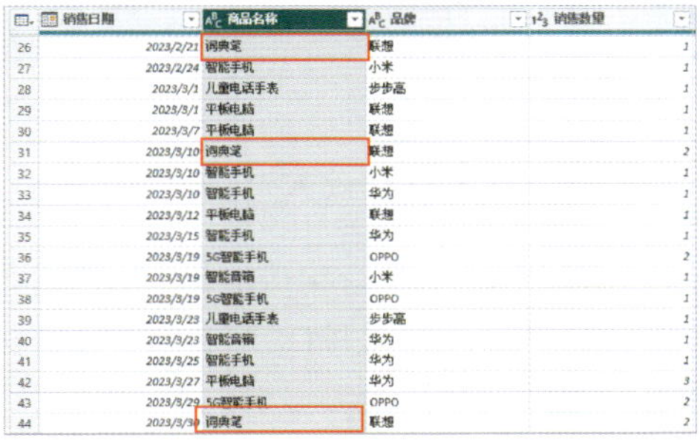

（2）精确匹配替换

本例中"商品名称"字段中，既包含"智能手机"，又包含"5G智能手机"，若使用常规替换的方法，将"智能手机"替换为"折叠屏手机"，则"5G智能手机"

图5-34

中所包含的"智能手机"也会被替换，从而变为"5G折叠屏手机"，导致结果不符合要求。下面将介绍解决这种问题的办法。

Step01：右击"商品名称"字段标题，在弹出的菜单中选择"替换值"选项，如图5-35所示。

Step02：在弹出的"替换值"对话框中输入"要查找的值"为"智能手机"，"替换为"的值为"折叠屏手机"，随后单击"高级选项"，展开两项复选框，勾选"单元格匹配"复选框，单击"确定"按钮，如图5-36所示。

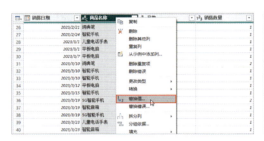

图5-35

图5-36

Step03："商品名称"字段中只有"智能手机"的单元格被替换为了"折叠屏手机"，"5G智能手机"没有被替换，如图5-37所示。

图5-37

5.3.5 转换字母大小写

当数据源中包含字母时，若要对字母的大小写进行统一转换，可以使用"格式"功能进行操作。例如将"商品名称"中的大写字母全部转换成小写字母。

Step01：选中"商品名称"列，打开"转换"选项卡，单击"格式"下拉按钮，在下拉列表中选择"小写"选项，如图5-38所示。

Step02：所选列中的所有大写字母随即被转换为小写字母，如图5-39所示。

图5-38　　　　　　　　　　　　　　　　　　　图5-39

操作提示

通过"格式"下拉列表中提供的"大写"和"每个字词首字母大写"选项还可将所选列中的字母全部转换成大写或转换成首字母大写，如图5-40所示。

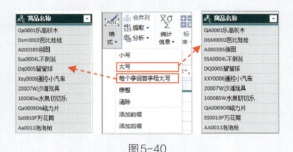

图5-40

5.3.6　删除空格和非打印字符

数据源中经常会包含很多无意义的空格以及一些非打印字符，例如数据最前面或末尾的空格以及回车符、换行符等。使用"格式"功能提供的"修整"和"清除"命令，便可将所选列中的空格和非打印字符删除，如图5-41所示。

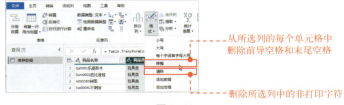

从所选列的每个单元格中
删除前导空格和末尾空格

删除所选列中的非打印字符

图5-41

5.3.7　批量添加前缀或后缀

当需要为指定列中的内容批量添加统一的前缀或后缀时，可以使用"格式"功能的"添加前缀"或"添加后缀"命令来完成。下面将在"商品类型"列中的每个单元格数据之前添加"儿童"两个字。

Step01：选中"商品类型"列，打开"转换"选项卡，单击"格式"下拉按钮，在下拉列表中选择"添加前缀"选项，如图5-42所示。

Step02：弹出"前缀"对话框，在"值"文本框中输入"儿童"，随后单击"确定"按钮，如图5-43所示。

图5-42

图5-43

Step03：所选列中每个单元格内容的前面随即被添加"儿童"两个字，效果如图5-44所示。

图5-44

> **操作提示**
>
> 添加后缀的操作与添加前缀的操作基本相同，选中目标列后，在"格式"下拉列表中选择"添加后缀"选项，在随后弹出的对话框中设置后缀内容即可。

5.3.8　二维表转换成一维表

二维表是指数据区域同时包含行标题和列标题，通过行标题和列标题决定每个单元格中数据属性的表，二维表效果如图5-45所示。

	月份	张芳芳	刘丽荣	孙佳慧	吴宇宁	孙玉婷	刘家辉
1	1月	28	25	24	24	90	72
2	2月	90	37	99	63	29	22
3	3月	26	68	38	86	43	21
4	4月	29	31	66	99	84	71
5	5月	18	64	75	78	45	11
6	6月	82	85	77	63	24	48
7	7月	53	83	51	24	98	62
8	8月	91	78	14	75	58	15
9	9月	48	34	36	74	98	12
10	10月	68	10	87	50	57	40
11	11月	16	27	12	45	45	59
12	12月	75	43	88	25	23	50

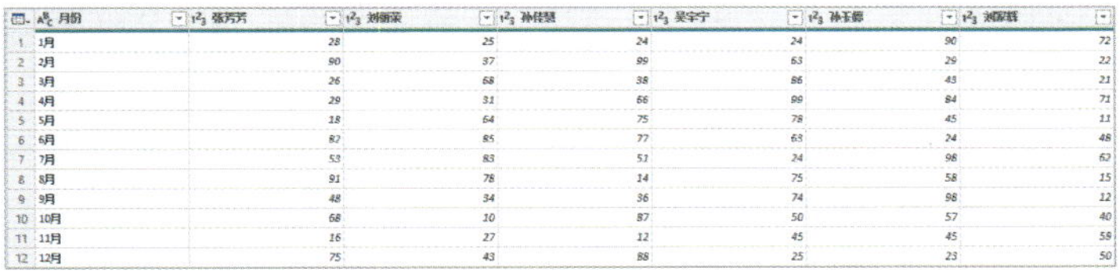

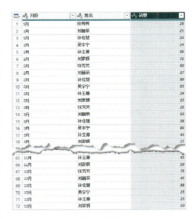

图5-45

一维表是指每列包含不同类型的信息，各列标题位于数据区域的顶部，所有数据呈纵向排列的表，一维表效果如图5-46所示。

用于数据分析的数据源通常使用一维表的形式录入，而二维表则可作为数据分析结果的展示。Power BI Desktop中的数据源若是二维表形式，可以使用“逆透视列”功能进行转换。具体操作方法如下。

	月份	姓名	销量
1	1月	张芳芳	28
2	1月	刘丽荣	25
3	1月	孙佳慧	24
4	1月	吴宇宁	24
5	1月	孙玉婷	90
6	1月	刘家辉	72
7	2月	张芳芳	90
8	2月	刘丽荣	37
9	2月	孙佳慧	99
10	2月	吴宇宁	63
11	2月	孙玉婷	29
12	2月	刘家辉	22
13	3月	张芳芳	26
14	3月	刘丽荣	68
15	3月	孙佳慧	38
16	3月	吴宇宁	86
17	3月	孙玉婷	43
18	3月	刘家辉	21
65	11月	孙玉婷	45
66	11月	刘家辉	59
67	12月	张芳芳	75
68	12月	刘丽荣	43
69	12月	孙佳慧	88
70	12月	吴宇宁	25
71	12月	孙玉婷	23
72	12月	刘家辉	50

图5-46

Step01：打开Power Query编辑器，本案例需要将除了“月份”以外的其他列全部转换为一维表，所以此处可以选择“月份”列，随后打开“转换”选项卡，单击“逆透视列”下拉按钮，在下拉列表中选择“逆透视其他列”选项，如图5-47所示。

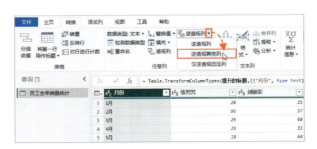

图5-47

Step02：表中未选中的列随即被转换为一维表形式，此时列标题默认为“属性”和“值”，如图5-48所示。

	月份	属性	值
1	1月	张芳芳	28
2	1月	刘丽荣	25
3	1月	孙佳慧	24
4	1月	吴宇宁	24
5	1月	孙玉婷	90
6	1月	刘家辉	72
7	2月	张芳芳	90
8	2月	刘丽荣	37
9	2月	孙佳慧	99

图5-48

	月份	姓名	销量
1	1月	张芳芳	28
2	1月	刘丽荣	25
3	1月	孙佳慧	24
4	1月	吴宇宁	24
5	1月	孙玉婷	90
6	1月	刘家辉	72
7	2月	张芳芳	90
8	2月	刘丽荣	37
9	2月	孙佳慧	99

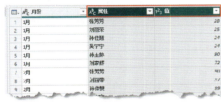

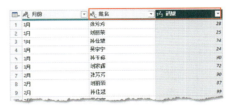

图5-49

Step03：依次双击"属性"和"值"标题，在可编辑状态下分别手动修改标题名称为"姓名"和"销量"即可，如图5-49所示。

5.3.9 添加索引列

所谓索引，是指系统自动生成的一列自增长数值，方便用户快速了解具体的数据在第几行。可以默认从0或者从1开始，也可以自定义索引的起始值和增量。

（1）添加从1开始的索引

Step01：打开"添加列"选项卡，在"常规"组中单击"索引列"下拉按钮，在下拉列表中选择"从1"选项，如图5-50所示。

Step02：表的最右侧一列随即被添加索引列，索引数字从1开始，如图5-51所示。

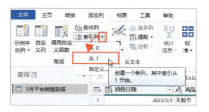

图5-50

图5-51

操作提示

单击"索引"列标题，按住鼠标左键进行拖动可以将其移动到需要的位置显示，如图5-52所示。

图5-52

（2）自定义索引

Step01：打开"添加列"选项卡，在"常规"组中单击"索引列"下拉按钮，在下拉列表中选择"自定义"选项，如图5-53所示。

Step02：弹出"添加索引列"对话框，在"起始索引"文本框中输入"100"，在"增量"文本框中输入"2"，单击"确定"按钮，如图5-54所示。

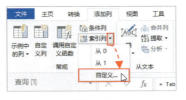

图5-53

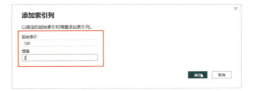

图5-54

Step03: 表最右侧列中随即被添加从数字“100”开始，增量为“2”的索引列，如图5-55所示。

商品名称	销售数量	销售单价	销售金额	销售平台	索引.1
洗脸巾	45	12	540	京东	100
洗脸巾	39	12	468	天猫	102
牙膏	21	11.2	235.2	天猫	104
牙膏	61	11.2	683.2	拼多多	106
烤箱	36	160	5760	天猫	108
洗碗机	38	4200	159600	拼多多	110
扫地机	48	3999	191952	京东	112
电冰箱	52	230	11960	京东	114
烤箱	62	199	12338	拼多多	116
风扇	54	208	11232	天猫	118
烤箱	24	160	3840	淘宝	120
电火锅	80	110	8800	拼多多	122
定妆粉	11	80	880	淘宝	124
口红	73	89	6497	天猫	126
粉底液	22	150	3300	京东	128
口红	17	230	3910	拼多多	130

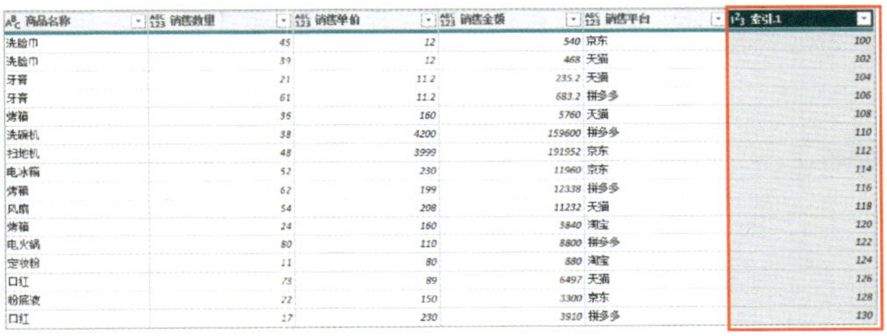

图5-55

5.3.10 拆分列

当一列中包含多种属性的信息时，可以对数据进行拆分，在Power Query编辑器中可以根据分隔符、字符数、数据的类型等方法拆分数据。下面将按分隔符拆分“姓名”列中的姓名和电话号码。

Step01: 选中“姓名”列，打开“转换”选项卡，在“文本列”组中单击“拆分列”下拉按钮，在下拉列表中选择“按分隔符”选项，如图5-56所示。

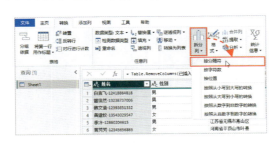

图5-56

Step02: 弹出“按分隔符拆分列”对话框，此时对话框中已经自动识别出了所选列中的分隔符，此处保持所有选项为默认，单击“确定”按钮，如图5-57所示。

Step03: 姓名列中的数据随即根据分隔符被自动分为两列，如图5-58所示。用户可根据需要对列标题进行修改，如图5-59所示。

图5-57

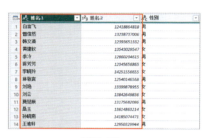

图5-58

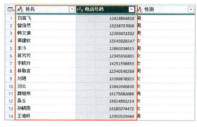

图5-59

5.3.11　合并列

　　若数据源中多列数据为同一属性，也可以使用"合并列"功能将多列数据合并成一列。下面将介绍具体操作方法。

Step01：按住 Ctrl 键，依次单击要合并的多个列的列标题，同时选中多列。本例需要合并"地址"和"门牌号"两列中的数据，所以选中这两列，打开"转换"选项卡，在"文本列"组中单击"合并列"按钮，如图5-60所示。

Step02：弹出"合并列"对话框，单击"确定"按钮，如图5-61所示。

图5-60

图5-61

Step03：所选两列数据随即被合并为一列，如图5-62所示。

图5-62　　　　　　　　　　　　　　　　　图5-63

5.3.12　撤销操作

Power Query编辑器窗口中没有撤销按钮，但是执行过的每一步操作都会记录在查询设置窗格中，若要撤销某个操作，可以在该窗格中的"应用的步骤"列表中单击该操作左侧的 ✕ 按钮撤销该步骤，如图5-63所示。

5.4　快速提取数据

对数据源进行分解有时可以提取很多其他有用的信息，例如：根据日期提取年、月、日、星期等信息，从字符串中截取某个字符之前或之后的信息，从身份证号码中提取代表出生年月日的数字，等。

5.4.1　提取日期中的年份

在Power Query编辑器中可以将日期转换为不同的格式，或从日期中提取需要的信息。下面将从日期中提取年份信息。

Step01：选中要提取其年份的日期列，打开"转换"选项卡，单击"日期"下拉按钮，在下拉列表中选择"年"选项，在其下级列表中选择"年"选项，如图5-64所示。

图5-64

图5-65

Step02： 所选列中每个单元格内的日期随即被转换为对应的年份，如图5-65所示。

使用上述方法会用提取出的年份替换原有的日期数据。若要保留原日期数据，在新列中提取年份信息，可以使用"添加列"选项卡中的"日期"按钮进行相同操作，如图5-66所示。

提取出的年份信息列会在表的最右侧显示，如图5-67所示。

图5-66

图5-67

5.4.2　提取日期对应的星期几

使用"日期"命令提供的"星期"选项还可以从日期中提取对应的星期几，下面将介绍具体操作方法。

Step01： 选中要提取对应星期几的日期列，打开"转换"选项卡，单击"日期"下拉按钮，在下拉列表中选择"天"选项，在其下级列表中选择"星期几"选项，如图5-68所示。

Step02： 所选列中的日期随即被转换成对应的星期几，如图5-69所示。

图5-68

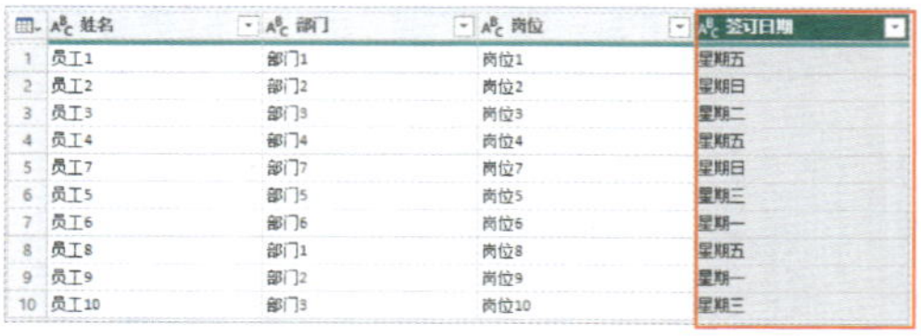

图5-69

操作提示

若想不替换原日期，而是在新列中显示提取的星期信息，可以使用"添加列"选项卡中的"日期"命令按钮进行相同的操作。

5.4.3 根据位置和字符数量提取数据

许多使用Excel能完成的操作在Power Query编辑器中同样可以完成，而且操作起来比Excel更为简单，例如从身份证号码中提取出生日期，下面将介绍具体操作方法。

Step01： 在Power BI Desktop中执行从Excel工作簿导入数据的操作时，在"导航器"对话框中可以看到"身份证号码"以科学记数法显示，下面将对身份证号码的格式进行转换并提取其中的出生日期信息。单击"转换数据"按钮，如图5-70所示。

图5-70

Step02： 打开Power Query编辑器，选中"身份证号码"列，在"主页"选项卡中单击"数据类型：整数"下拉按钮，在下拉列表中选择"文本"选项，如图5-71所示。

图5-71

Step03： 所有身份证号码随即被正常显示，保持"身份证号码"列为选中状态，打开"添加列"选项卡，单击"提取"下拉按钮，在下拉列表中选择"范围"选项，如图5-72所示。

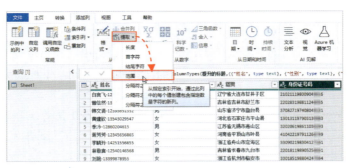

图5-72

Step04： 弹出"提取文本范围"对话框，在"起始索引"文本框中输入数字"6"（表示从第6个字符之后开始提取），在"字符数"文本框中输入"8"（表示提取8个字符），单击"确定"按钮，如图5-73所示。

图5-73

Step05： 身份证号码中代表出生年月日的数字随即被提取出来，提取出的内容在表格最右侧列显示，如图5-74所示。

	姓名	性别	籍贯	身份证号码	文本范围
1	白富飞-124188646818	男	辽宁省大连市甘井子区	210211198009040 6	19800904
2	曾信然-13238737006	男	吉林省吉林市舒兰市	2202831981112405	19881124
3	韩文青-12993651332	男	山东省济宁市鱼台县	370827197408040 1	19740804
4	黄建钦-13543029547	女	河北省石家庄市平山县	130131197903130 3	19790313
5	季冷-12860204615	男	江苏省无锡市惠山区	3202061986110303	19861103
6	菁芳芳-12345656865	女	河南省平顶山市叶县	4104221979112609	19791126
7	李靓羚-14251556655	女	浙江省舟山市定海区	33090219830412 1	19830412
8	林敬宜-12540146568	男	吉林省长春市九台市	2201811989052501	19890525
9	刘艳-13399878955	女	浙江省杭州市临安市	33018519880424 4	19880424
10	刘云-13842649836	女	河北省秦皇岛市卢龙县	1303241992062603	19920626
11	莫楚景-13175682086	男	江苏省南通市泰州区	3206021990065903	19900629
12	孟玉-13614863214	女	浙江省苏州市临安市	330185199411030 0	19941103
13	孙晓燕-14185074471	女	江苏省苏州市姑苏区	3205081993123007	19931230

图5-74

Step06： 为了让提取出的数字以标准的日期格式显示，还需要设置其数据类型。选中提取出的数据列，打开"转换"选项卡，单击"数据类型：文本"下拉按钮，在下拉列表中选择"日期"选项，如图5-75所示。

Step07： 提取出的数据随即被转换为日期格式。在"转换"选项卡中单击"重命名"按钮，列标题变为可编辑状态，将标题更改为"出生日期"即可，如图5-76所示。

图5-75

图5-76

5.4.4　根据关键字提取数据

当一列中每个单元格中的数据都包含一个相同的字符时，可以批量提取相同字符之前或之后的内容。该字符可以是文本、数字、符号等。下面将在"籍贯"列中以字符"省"和"市"为关键字提取需要的信息。

（1）提取关键字之前的信息

Step01：选中"籍贯"列，打开"添加列"选项卡，单击"提取"下拉按钮，在下拉列表中选择"分隔符之前的文本"选项，如图5-77所示。

Step02：弹出"分隔符之前的文本"对话框，在"分隔符"文本框中输入"省"，单击"确定"按钮，如图5-78所示。

图5-77

图5-78

Step03："籍贯"列中的省份信息随即被提取出来，新列在表格的最右侧列显示，如图5-79所示。

图5-79

（2）提取两个关键字之间的信息

Step01：选中"籍贯"列，打开"添加列"选项卡，单击"提取"下拉按钮，在下拉列表中选择"分隔符之间的文本"选项，如图5-80所示。

Step02：弹出"分隔符之间的文本"对话框，在"开始分隔符"文本框中输入"省"，在"结束分隔符"文本框中输入"市"，单击"确定"按钮，如图5-81所示。

图5-80 图5-81

Step03："籍贯"列中介于"省"和"市"之间的文本随即被提取出来，新列在表格最右侧列显示，如图5-82所示。

图5-82

5.4.5　提取条件判断的结果

查询表中可以根据现有数据的类型设置相关的条件，并将判断结果显示在新列中。下面将设置条件判断"金额"列中的值是否大于或等于50，满足条件时返回"畅销"，不满足条件时返回"一般"。具体操作方法如下。

Step01：打开"添加列"选项卡，在"常规"组中单击"条件列"按钮，如图5-83所示。

图 5-83　　　　　　　　　　　　　　　　图 5-84

Step02： 弹出 "添加条件列" 对话框，设置 "新列名" 为 "销量分析"，"列名" 为 "销售数量"，"运算符" 选择 "大于或等于"，在 "值" 文本框中输入 "50"，在 "输出" 文本框中输入 "畅销"，在对话框左下角的 ELSE 文本框中输入 "一般"，单击 "确定" 按钮，如图 5-84 所示。

Step03： 数据区域最右侧随即添加 "销量分析" 列，当 "销售数量" 列中的值大于或等于 50 时，显示 "畅销"，否则显示 "一般"，如图 5-85 所示。

图 5-85

5.5　合并数据

在 Power Query 编辑器中可以使用多种方法合并数据源，下面将对这些操作方法进行详细介绍。

5.5.1　使用 "追加查询" 合并数据

追加查询表示将多张表中相同字段的数据合并到一起，是对数据的纵向合并，类似于 Excel 中的整行添加数据记录。

本例 Power BI Desktop 中包含 4 个月的 4 张订单加工信息表，每张表的结构完全相同，如图 5-86 所示。下面将使用 "追加查询" 功能将这 4 个月的数据合并到一张表中。

图 5-86

Step01： 打开"主页"选项卡，在"组合"组中单击"追加查询"下拉按钮，在下拉列表中选择"将查询追加为新查询"选项，如图5-87所示。

图5-87

Step02： 打开"追加"对话框，选择"三个或更多表"单选按钮，随后按住Ctrl键，在"可用表"列表框中依次单击1月、2月、3月、4月表名称，随后单击"添加"按钮，将选中的表添加到"要追加的表"列表框中，最后单击"确定"按钮，如图5-88所示。

Step03： 查询的所有表中的内容随即被合并到一个新的表中，该表名称默认为"追加1"，如图5-89所示。

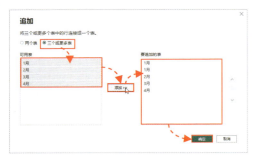

图5-88

	A^B 加工单位	订单日期	订单编号	1.2 订单数量	$ 单价	$ 加工费总额
1	四海贸易有限公司	2023/1/2	QT511689-005	25	20.19	504.75
2	霜王鞋业	2023/1/2	QT511875-001	75	24.65	1,848.75
3	四海贸易有限公司	2023/1/2	QT511909-002	100	5.45	545.00
4	东广皮革厂	2023/1/4	QT531497-016	10	5.09	50.90
5	自由自在户外用品有限公司	2023/1/4	QT511588-005	1425	1.27	1,809.75
6	自由自在户外用品有限公司	2023/1/4	QT511962-004	425	19.19	8,155.75
7	自由自在户外用品有限公司	2023/1/5	QT511587-004	1750	4.98	8,715.00
8	四海贸易有限公司	2023/1/5	QT511962-002	425	14.81	6,294.25
9	四海贸易有限公司	2023/1/6	QT511586-005	2300	15.33	35,259.00
10	四海贸易有限公司	2023/1/6	QT511962-001	425	4.63	1,967.75
11	郑阳宏发贸易公司	2023/1/7	QT511674-001	175	5.40	945.00
12	四海贸易有限公司	2023/1/7	QT511962-006	425	12.68	5,389.00
13	东广皮革厂	2023/1/8	QT8511980-026	425	21.02	8,933.50

查询[5]：1月、2月、3月、4月、追加1

= Table.Combine({#"1月", #"1月", #"2月", #"3月", #"4月"})

图5-89

5.5.2 使用"合并查询"合并数据

合并查询表示以多张表中的某个相同字段为基础，将与该字段相关的其他字段合并到同一张表中，是对数据的横向合并，类似于在Excel中使用VLOOKUP函数的效果。

本例Power BI Desktop中包含期初库存和现库存量两张表，在Power Query编辑器中可以观察到，两表中包含一个相同的字段即"库存编码"，如图5-90所示。基于该字段便可以使用"合并查询"功能合并两表数据。

Step01： 打开"主页"选项卡，在"组合"组中单击"合并查询"下拉按钮，在下拉列表中选择"将查询合并为新查询"选项，如图5-91所示。

图5-90

图5-91

Step02： 弹出"合并"对话框，上方默认显示打开该对话框之前所选择的查询表，单击下方的下拉按钮，在下拉列表中选择另外一个表，此处选择"期初库存"，如图5-92所示。

Step03： 使用鼠标单击的方法在两个表中分别选中建立关联的字段，此处选择"库存编码"字段，随后单击"确定"按钮，如图5-93所示。

图5-92

图5-93

Step04： Power Query编辑器中随即创建一个新的查询，此时"期初库存"表中的数据显示在一列中，每个单元格中的数据显示为"Table"，如图5-94所示。

Step05： 单击其中一个Table，可显示"期初库存"表中对应库存编码的一行数据，如图5-95所示。

Step06： 若单击"期初库存"列标题右侧的按钮，在展开的列表中勾选要显示的来源于"期初库存"表的字段，单击"确定"按钮，如图5-96所示。

Step07： 当前合并查询表中将显示所有选中的字段，如图5-97所示。

图 5-94

图 5-95

图 5-96

图 5-97

5.5.3　合并文件夹中的文件

合并文件夹中的文件表示将一个文件夹中所有文件的数据合并到一起。该功能在 Power BI Desktop 和 Power Query 编辑器中都可以使用。当数据源保存在一个文件夹中的多个文件中时可以使用此方法进行合并。下面以合并"工资核算"文件夹中的 3 个 Excel 工作簿中的数据为例进行介绍，如图 5-98 所示。

（1）在 Power BI Desktop 窗口中操作

Step01：启动 Power BI Desktop，在"主页"选项卡中的"数据"组中单击"获取数据"下拉按钮，在下拉列表中选择"更多"选项，如图 5-99 所示。

Step02：弹出"获取数据"对话框，选择"文件夹"选项，单击"连接"按钮，如图 5-100 所示。

Step03：打开"文件夹"对话框，单击"浏览"按钮，随后在打开的"浏览文件夹"对话框中，选择要导入其中内容的文件所在的文件夹，文件夹的路径随即出现在文本框中，单击"确定"按钮，如图 5-101 所示。

Step04：随后打开的对话框中会显示所选文件夹中的所有文件及相关属性，单击"组合"按钮，在下拉列表中选择"合并并转换数据"选项，如图 5-102 所示。

图 5-98

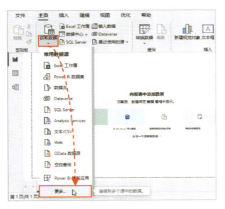

图 5-99

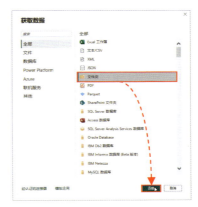

图 5-100

图 5-101

图 5-102

Step05： 打开"合并文件"对话框，在"显示选项"组中选中工作表名称，单击"确定"按钮，如图 5-103 所示。

Step06： 所选文件夹中的所有文件的数据随即被合并到一个表中，并自动打开 Power Query 编辑器显示详细数据，如图 5-104 所示。

图 5-103

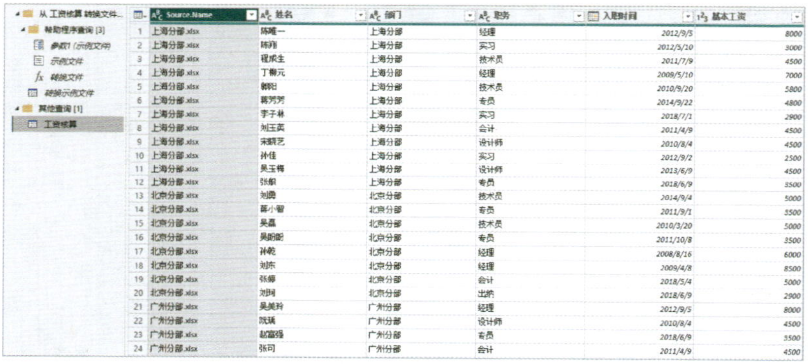

图 5-104

（2）在Power Query编辑器中操作

启动Power BI Desktop，在"主页"选项卡中的"查询"组中单击"转换数据"下拉按钮，在下拉列表中选择"转换数据"选项，如图5-105所示。

图 5-105

图 5-106

此时便可打开Power Query编辑器，在"主页"选项卡中的"新建查询"组内单击"新建源"下拉按钮，在下拉列表中选择"更多"选项，如图5-106所示。系统随即会弹出"获取数据"对话框，之后的操作与在Power BI Desktop窗口中的操作相同，用户可参照前文中的步骤进行操作，此处不再赘述。

5.6 数据的统计和分析

Power Query编辑器中可以对数据进行排序、筛选、分类、汇总，以及一些常规的数据统计等常规统计和分析操作。下面将分别介绍具体操作方法。

5.6.1 对数据进行简单排序

在Power Query编辑器中可以对指定列中的数据进行简单的升序或降序排序。例如对"销售金额"列中的值进行升序排序，具体操作方法如下。

Step01： 单击"销售金额"列标题右侧的 ▼ 按钮，在展开的筛选器顶端包含"升序排序"和"降序排序"选项，用户可根据需要在此选择要执行的操作，此处选择"升序排序"选项，如图5-107所示。

Step02： "销售金额"列中的数值随即按照升序（从低到高的顺序）进行排序，如图5-108所示。

图5-107

图5-108

操作提示

执行过排序的字段，其筛选按钮中会显示一个向上或向下的箭头，向上的箭头表明当前字段执行了升序排序，向下的箭头表明当前字段执行了降序排序。

若要取消排序，可以再次单击标题右侧的下拉按钮，在下拉列表中选择"清除排序"选项，如图5-109所示。

图5-109

5.6.2 根据数据类型筛选数据

在筛选器中可以对数据进行筛选。当数据类型不同时，筛选器中会提供不同的筛选项，筛选数据的方法和Excel中的操作方法基本相同。下面以筛选文本型数据和数值型数据为例进行介绍。

（1）筛选包含"手机"两个字的商品

Step01：单击"商品名称"列标题右侧的下拉按钮，在筛选器中选择"文本筛选器"选项，在其下级列表中选择"包含"选项，如图5-110所示。

Step02：弹出"筛选行"对话框，在"包含"右侧输入"手机"，随后单击"确定"按钮，如图5-111所示。

图5-110　　　　　　　　　　　　　图5-111

Step03："商品名称"列中包含"手机"两个字的数据随即被筛选出来，如图5-112所示。

	销售日期	商品名称	品牌	销售数量
1	2023/3/19	5G智能手机	OPPO	1
2	2023/3/10	智能手机	小米	1
3	2023/2/12	智能手机	小米	6
4	2023/3/15	智能手机	华为	7
5	2023/1/24	智能手机	华为	12
6	2023/1/15	智能手机	华为	8
7	2023/4/19	智能手机	小米	10
8	2023/5/5	5G智能手机	OPPO	12
9	2023/2/24	智能手机	小米	8
10	2023/3/25	智能手机	华为	17
11	2023/6/29	5G智能手机	OPPO	15
12	2023/1/17	折叠屏手机	华为	5
13	2023/4/20	智能手机	华为	7
14	2023/6/25	5G智能手机	OPPO	14

图5-112

（2）筛选销售数量大于或等于10的数据

Step01：单击"销售数量"列标题右侧的下拉按钮，在展开的筛选器中选择"数字筛选器"选项，在其下级列表中选择"大于或等于"选项，如图5-113所示。

Step02：弹出"筛选行"对话框，在"大于或等于"右侧输入"10"，单击"确定"按钮，如图5-114所示。

Step03："销售数量"列中大于或等于10的数据随即被筛选出来，如图5-115所示。

图5-113

图5-114

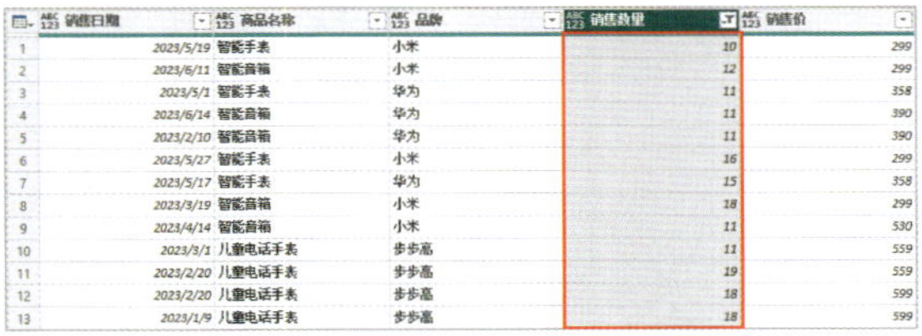

图5-115

操作提示

执行过筛选的字段，其标题中的下拉按钮会变为形状，若要清除筛选，可单击该按钮，在下拉列表中选择"清除筛选器"选项，如图5-116所示。

图5-116

5.6.3 数据的分类汇总

当表中的某列内包含多种类别的数据时，可以按照类别对该列中的数据进行分组，然后指定一个汇总列计算汇总结果。汇总计算包括求和、求平均值、求中值、求最大值或最小值等。下面将对"商品名称"进行分组，并对"销售金额"进行求和汇总。

（1）按一个字段分组

Step01：选中表中的任意一个单元格，打开"主页"选项卡，在"转换"组中单击"分组依据"按钮，如图5-117所示。

图5-117

Step02：弹出"分组依据"对话框，设置分组字段为"商品名称"，在"新列名"文本框中输入"销售金额汇总"，单击"操作"下拉按钮，在下拉列表中选择"求和"，如图5-118所示。

图5-118

Step03：设置"柱"为"销售金额"字段，表示对"销售金额"进行汇总，最后单击"确定"按钮，如图5-119所示。

图5-119

Step04：Power Query编辑器中随即显示每种商品名称的销售金额的求和汇总结果。此时的分类汇总结果会覆盖原表，若要查看原表，可以在查询设置窗格中的"应用的步骤"列表内单击"分组的行"之前的操作步骤。单击"分组的行"左侧的 ✕ 按钮，则可删除分类汇总，如图5-120所示。

图5-120

（2）按多个字段分组

在进行分类汇总操作时，可以同时设置多个分组字段和汇总字段。具体操作方法如下。

Step01：在"主页"选项卡中单击"分组依据"按钮，弹出"分组依据"对话框，选择"高级"单选按钮，单击"添加分组"按钮，即可添加一个分组选项，依次设置好分组字段，如图5-121所示。

Step02：单击"添加聚合"按钮，可以添加一个汇总选项，分别设置好新列的名称、汇总方式以及汇总字段，单击"确定"按钮，如图5-122所示。

图5-121

图5-122

Step03：Power Query 编辑器中即可显示分类汇总结果，如图5-123所示。

	ABC 123 品牌	ABC 123 商品名称	1.2 销售金额汇总	1.2 销售数里均值
1	联想	平板电脑	352720	11.25
2	华为	智能音箱	28360	11.25
3	步步高	智能学习机	413300	12.5
4	步步高	儿童电话手表	45583	12.83333333
5	华为	智能手表	53708	11.5
6	华为	折叠屏手机	448754	10.75
7	华为	智能手机	282580	11.66666667
8	联想	翻译笔	24796	8
9	华为	平板电脑	140076	11.25
10	小米	智能手表	51752	12
11	OPPO	5G智能手机	415049	14.375
12	小米	智能手机	76515	6.25
13	小米	智能音箱	18782	8.666666667

图5-123

5.6.4　数据的统计

"统计信息"功能提供了多种自动统计方式，包括求和、求最大值或最小值、求中值、求平均值、求标准偏差等。

在Power Query编辑器中的"转换"和"添加列"选项卡中都包含"统计信息"按钮，如图5-124（a）、图5-124（b）所示。它们的区别如下。

①"转换"选项卡中的"统计信息"按钮只能对一列中的数据进行统计，统计方式为纵向统计，统计结果会覆盖原表。

②"添加列"选项卡中的"统计信息"按钮对两列及两列以上的数据进行统计，统计方式为横向统计，统计结果会在新列中显示。

图5-124

下面以统计考生成绩为例进行详细介绍。

（1）统计所有考生的"语文"平均成绩

Step01：选中"语文"列，打开"转换"选项卡，在"编号列"组中单击"统计信息"下拉按钮，在下拉列表中选择"平均值"选项，如图5-125所示。

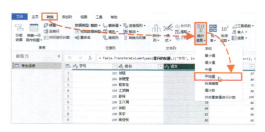

图5-125

Step02：当前窗口中随即显示出统计结果，该结果会覆盖原表，如图5-126所示。

图5-126

（2）统计多门学科总分

Step01： 按住 Ctrl 键依次单击"语文""数学""英语"3 列的列标题，将这 3 列同时选中，打开"添加列"选项卡，在"从数字"组中单击"统计信息"下拉按钮，在下拉列表中选择"求和"选项，如图 5-127 所示。

图 5-127

Step02： 表右侧随即添加"加法"列，该列中自动计算出了所选列中相同行内的分数之和，如图 5-128 所示。

学号	姓名	语文	数学	英语	加法
1	101 刘璇	98	97	87	282
2	102 孙慧莹	86	89	94	269
3	103 程家佳	82	75	78	235
4	104 江梦楠	98	86	91	275
5	105 赵阿	99	100	86	285
6	106 王兴周	73	86	87	246
7	107 孙阿	94	96	89	279
8	108 吴宇	81	90	87	258
9	109 魏佳悦	90	90	76	256
10	110 薛雨楸	76	98	78	252
11	111 柳瑞	94	96	89	279
12	112 李婷	81	90	87	258
13	113 王晨	90	90	76	256
14	114 黄玉婷	76	98	78	252

图 5-128

5.6.5　数据的基本计算

用户还可在 Power Query 编辑器中对数据进行各种基本的计算，包括执行基本的数学运算、执行科学运算、执行三角函数运算、执行数字舍入、提取奇偶数等。

这些功能按钮同样存在于"转换"选项卡以及"添加列"选项卡中，如图 5-129、图 5-130 所示。两个选项卡中的命令按钮区别是一个是用计算结果覆盖原表，一个是将计算结果生成在新列中。

计算结果
覆盖原表

图 5-129

图 5-130

下面将根据产品的销售数量和单价计算销售金额以及销售利润。

（1）计算销售金额

Step01: 同时选中"数量"和"单价"列，打开"添加列"选项卡，在"从数字"组中单击"标准"下拉按钮，在下拉列表中选择"乘"选项，如图 5-131 所示。

图 5-131

Step02: 表右侧随即添加新列，该列显示数量和单价相乘的结果，默认的标题名称为"乘法"，用户可根据需要修改标题，如图 5-132 所示。

客户	产品名称	数量	单价	乘法
客户A	汽车脚垫	15	228	3420
客户B	雨刮器	17	272	4624
客户C	冷却液	1	261	261
客户D	洗车器	6	215	1290
客户E	倒车影像	10	142	1420
客户F	行车记录仪	8	155	1240
客户G	润滑油	19	200	3800
客户H	汽车启动电源	6	206	1236
客户I	汽车贴膜	8	296	2368
客户J	玻璃水	6	142	852

图 5-132

（2）计算销售利润

Step01: 将"乘法"标题名称修改为"金额"，随后将该列选中，在"添加列"选项卡中单击"标准"下拉按钮，在下拉列表中选择"百分比"选项，如图 5-133 所示。

图 5-133

Step02： 弹出"百分比"对话框，假设利润占金额的20%，在"值"文本框中输入"20"，单击"确定"按钮，如图5-134所示。

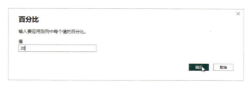

图5-134

Step03： 表右侧随即添加"百分比"列，该列中显示的结果为"金额"列中数值的20%，该列的标题默认为"百分比"，如图5-135所示。

A$_B^C$ 产品名称	1$^2_3$ 数量	1$^2_3$ 单价	1$^2_3$ 金额	1.2 百分比
汽车脚垫	15	228	3420	684
雨刮器	17	272	4624	924.8
冷却液	1	261	261	52.2
洗车器	6	215	1290	258
倒车影像	10	142	1420	284
行车记录仪	8	155	1240	248
润滑油	19	200	3800	760
汽车启动电源	6	206	1236	247.2
汽车贴膜	8	296	2368	473.6
玻璃水	6	142	852	170.4

图5-135

Step04： 修改"百分比"列的标题为"利润"，保持该列为选中状态，切换到"转换"选项卡，在"编号列"组中单击"舍入"下拉按钮，在下拉列表中选择"向上舍入"选项，如图5-136所示。

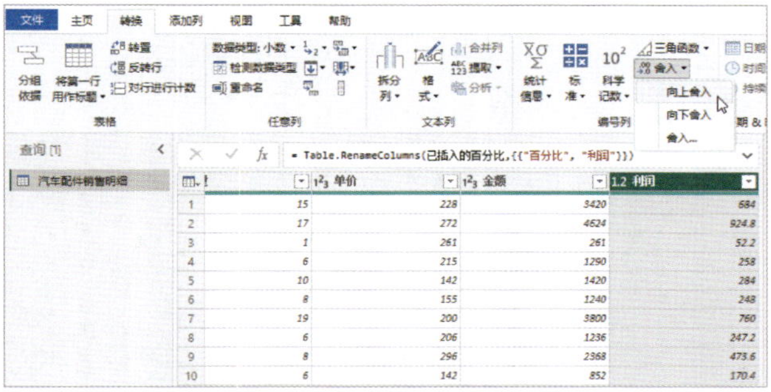

图5-136

Step05： "利润"列中的小数部分随即被自动向上舍入到整数部分，如图5-137所示。

A$_B^C$ 产品名称	1$^2_3$ 数量	1$^2_3$ 单价	1$^2_3$ 金额	1$^2_3$ 利润
汽车脚垫	15	228	3420	684
雨刮器	17	272	4624	925
冷却液	1	261	261	53
洗车器	6	215	1290	258
倒车影像	10	142	1420	284
行车记录仪	8	155	1240	248
润滑油	19	200	3800	760
汽车启动电源	6	206	1236	248
汽车贴膜	8	296	2368	474
玻璃水	6	142	852	171

图5-137

【案例实战】加载数据并清洗数据源

本章主要介绍了如何在Power Query编辑器中对数据进行整理和转换。下面将综合本章所学知识向Power BI Desktop中加载数据源并对数据源进行简单的处理。

（1）加载Excel中的数据

Step01： 启动Power BI Desktop，在"主页"选项卡中单击"Excel工作簿"按钮，如图5-138所示。

Step02： 弹出"打开"对话框，选择好要使用的Excel工作簿，单击"打开"按钮，如图5-139所示。

图5-138

图5-139

Step03： 打开"导航器"对话框，勾选"5月平台销售数据"复选框，单击"加载"按钮，如图5-140所示。

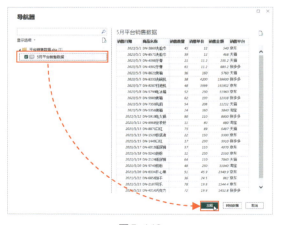
图5-140

Step04： 数据加载成功后单击窗口左上角的"保存"按钮，如图5-141所示。

Step05： 打开"另存为"对话框，选择好文件保存位置，单击"保存"按钮保存文件，如图5-142所示。

图5-141

图5-142

（2）清洗数据源

Step01：在Power BI Desktop窗口右侧的"数据"窗格中右击刚加载的表，在弹出的菜单中选择"编辑查询"选项，如图5-143所示。

Step02：打开Power Query编辑器，按住Ctrl键，依次单击"销售单价"和"销售金额"字段标题将这两列选中，随后在"主页"选项卡中单击"数据类型：小数"下拉按钮，在下拉列表中选择"定点小数"选项，如图5-144所示。

图5-143

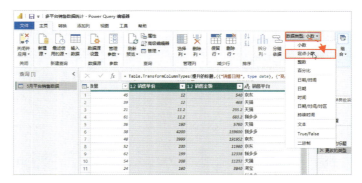

图5-144

Step03：弹出"更改列类型"对话框，单击"替换当前转换"按钮，如图5-145所示。

图5-145

图5-146

Step04：所选字段中的数值类型随即被更改，效果如图5-146所示。

Step05：单击"商品名称"字段标题，将该列选中。在"主页"选项卡中单击"拆分列"下拉按钮，在下拉列表中选择"按照从数字到非数字的转换"选项，如图5-147所示。

图5-147

Step06："商品名称"列中的内容随即被自动分为两列，标题名称自动设置为"商品名称1"和"商品名称2"，如图5-148所示。

Step07：双击字段标题，将标题修改为"销售编码"和"商品名称"，至此完成数据的加载和数据源的清洗，如图5-149所示。

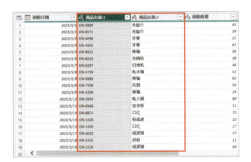

图5-148

图5-149

第6章

使用Power BI 数据建模

　　数据建模的目的是构建多维度的可视化分析，Power BI处理的数据往往不止一个，Power BI的优势在于能够打通来自不同数据源中的各种数据表，根据不同的维度、逻辑来聚合分析数据，从而进行数据分类汇总和可视化呈现，前提条件是各个表之间需要建立某种关系，以便让这些表中的数据在逻辑上构成一个整体，建立关系的过程被称为数据建模。

扫码看本章视频

6.1　创建和管理关系

数据关系是指事实数据之间的逻辑关系。在Power BI Desktop中为多个表创建关系时需要这些表中具有相关联的字段，为这些本来各自独立的数据表建立某种逻辑连接。

6.1.1　了解关系

在Power BI Desktop中关系的类型称为基数。关系的类型分为一对一、一对多、多对一和多对多，其中一对多和多对一实际意义相同，只是创建关系的两个表位置不同。各种关系的详细说明如下。

① 一对一（1:1）　A表中的一条记录只能与B表的一条记录对应。列中的每个值在两个表中都是唯一的。

② 一对多（1:*）　A表中的一条记录可以对应B表中的多条记录。

③ 多对一（*:1）　和一对多相反，B表中的多条记录对应A表的一条记录（可以理解为一个表中有重复值，而另一个表中是单一值）。

④ 多对多（*:*）　A表中的一条记录能够对应B表中的多条记录，同时B表中的一条记录也可以对应A表中的多条记录。

在关系设置中还需要设置关系的交叉筛选器方向，交叉筛选器方向主要用于指定具有关系的两个表筛选数据时筛选效果的作用范围，交叉筛选器方向分为"单一"和"两个"。默认情况下，Power BI Desktop会将交叉筛选器方向设置为"两个"，但是如果从Excel或Power Pivot中导入数据则会默认将所有交叉筛选器方向设置为"单一"。

① 单一　适用于连接表中的筛选选项需要计算值的总和的表格。可以理解为，只能一个表对另一个表筛选，不能反向。

② 两个　可以将连接表的所有方面均视为同一个表进行操作，可以理解为两个表可以相互筛选。

6.1.2　创建数据表的关系

在Power BI Desktop中加载数据后，可以在模型视图中为多个表创建关系。创建关系有自动创建关系和手动创建关系两种方式。

（1）自动创建关系

在Power BI Desktop中加载多个表时，会自动检测表之间是否存在关系，若是，则会自动创建关系。用户可以通过"管理关系"功能自动检测并创建关系。

`Step01:` 切换到模型视图，打开"主页"选项卡，在"关系"组中单击"管理关系"按钮，如图6-1所示。

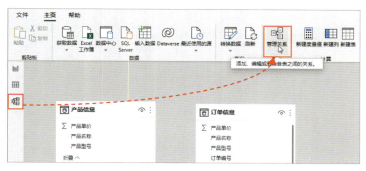

图6-1

Step02：弹出"管理关系"对话框，单击"自动检测"按钮，如图6-2所示。

图6-2

Step03： Power BI Desktop随即开始自动检测已加载的所有表，若发现表之间存在关系，弹出的对话框中则会显示图6-3所示的提示信息（检测到几个关系，对话框中则会显示相应的数字）。单击"关闭"按钮关闭对话框。

图6-3

Step04："管理关系"对话框中会显示自动创建关系的表，表名称右侧的括号中会显示两个表中存在关系的列名称，保持关系左侧的复选框为勾选状态，单击"关闭"按钮，如图6-4所示。

Step05：在模型视图中可以看到有关系的表中的相关字段已经建立了关系，本例"产品信息"表和"订单信息"表为一对多关系，如图6-5所示。

图6-4　　　　　　　　　　　图6-5

（2）手动创建关系

若Power BI没有自动为有关联的表创建关系，用户可以手动创建关系。手动创建关系通常使用以下两种方法。

① 通过鼠标拖拽字段创建关系。

Step01: 切换到模型视图，可以看到所有已加载的表以及其中的字段信息，在"客户信息"表中选中"客户名称"字段，按住鼠标左键向"订单信息"表中的"客户名称"字段拖动，如图6-6所示。

Step02: 松开鼠标后两个表之间会出现一条连线，表示已经建立了关系，如图6-7所示。

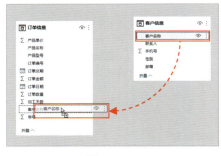

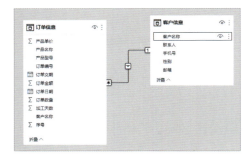

图6-6　　　　　　　　　　　图6-7

② 使用对话框创建关系。除了使用鼠标拖拽，用户还可以使用"创建关系"对话框为指定的两个表创建关系。

Step01: 在模型视图中打开"主页"选项卡，单击"管理关系"按钮，打开"管理关系"对话框，单击"新建"按钮，如图6-8所示。

Step02: 打开"创建关系"对话框，单击上方的下拉按钮，在其下拉列表中选择要创建关系的第1个表，此处选择"产品信息"表，如图6-9所示。

Step03: 单击下方的下拉按钮，在其下拉列表中选择要创建关系的第2个表，此处选择"订单信息"表，随后在两个表中分别单击用于创建关系的相关列，此处选择

"产品名称"列。Power BI Desktop会自动检测所选相关列的关系，本例所选的两个表中的"产品名称"列为多对多关系，单击"确定"按钮，如图6-10所示。

图6-8   图6-9

Step04：返回"管理关系"对话框，此时对话框中已经显示出所选择的两个有关系的表以及相关字段，单击"关闭"按钮关闭对话框，如图6-11所示。

Step05：所选的两个表随即创建相应的关系，如图6-12所示。

图6-10   图6-11

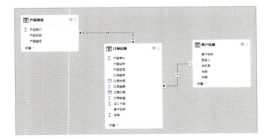

图6-12

6.1.3 模型视图

在模型视图中可以一目了然地看到表示各个表的数据块和它们之间代表着表关系的线条。通过观察可以发现，这些代表关系的线条有虚线和实线；线条中的箭头有单向箭头和双向箭头；线条两端分别有数字"1"或"*"符号，如图6-13所示。这些不同的线条、箭头以及符号分别代表不同的含义。

① 实线　表示此关系可用。

② 虚线　表示此关系不可用。

③ 单向箭头　表示交叉筛选方向为"单向"。只能一个表对另一个表筛选，不能反向。

④ 双向箭头　表示交叉筛选方向为"两个"。两个表可以相互筛选。

⑤ "1"和"*"　Power BI Desktop中线条两端的"1"和"*"代表关系的类型。"1:*"表示一对多关系，"*:1"表示多对一关系，"1:1"表示一对一关系，"*:*"表示多对多关系。

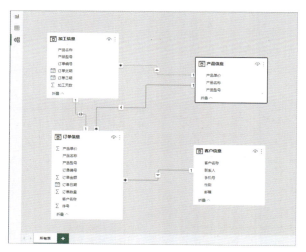

图6-13

为了让各个表在当前视图中以更加明了的方式进行排列，可以通过鼠标拖动调整表位置。将光标放置在要移动位置的表的标题位置，光标变成四向箭头时，如图6-14所示，按住鼠标左键进行拖动即可调整其位置，如图6-15所示。

图6-14

图6-15

6.1.4　编辑关系

　　通过"管理关系"对话框，可以对相互关联的表进行编辑。在模型视图中的"主页"选项卡中单击"管理关系"按钮，打开"管理关系"对话框，在该对话框中可以看到所有表关系，选择要进行编辑的关系，单击"编辑"按钮，如图6-16所示。

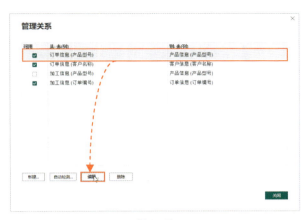

图6-16

　　在弹出的"编辑关系"对话框中可以对关联的表①、表中要建立关系的列②、基数③、交叉筛选器方向④等进行更改，如图6-17所示。

图6-17

6.1.5　删除关系

　　若某个关系不可用，或不再需要这个关系，可以将关系删除。用户可以在模型视图中快速删除关系，或在"管理关系"对话框中删除关系。

（1）在模型视图中删除关系

在模型视图中单击要删除的关系线条，按 Delete 键，如图 6-18（a）所示。系统随即弹出"删除关系"对话框，单击"是"按钮，即可将该关系删除，如图 6-18（b）所示。

(a)　　　　　　　　　　　　　　　(b)

图 6-18

（2）在对话框中删除关系

在模型视图中的"主页"选项卡内，单击"管理关系"按钮，打开"管理关系"对话框，选中要删除的关系，单击"删除"按钮，如图 6-19 所示。随后弹出"删除关系"对话框，单击"是"按钮即可删除该关系。

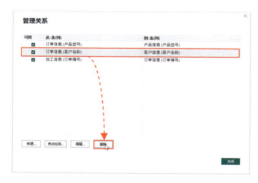

图 6-19

6.2　DAX 数据分析表达式

数据分析表达式 DAX 是在 Power BI、Excel 等数据处理工具中的 Power Pivot 使用的公式表达式语言。DAX 公式包括函数、运算符和值，用于对表格数据模型中相关表和列中的数据执行高级计算和查询。

6.2.1　DAX 公式简介

DAX 全称 data analysis expressions，翻译为数据分析表达式。DAX 是一种函数语言，主要功能是数据分析，可用于数据的查询和运算。DAX 查询函数可以筛选出有用的数据集合，然后利用DAX的聚合函数执行计算。例如，当用户需要计算相对于市场趋势的年增长额时可以使用DAX公式。下面将对DAX的语法以及DAX函数的类别进行介绍。

DAX语法包括组成公式的各种元素，下面以一个DAX公式为例进行讲解。

订单总额=SUM('订单记录'[销售额])

这个DAX公式表达的意思可以理解为：计算"订单记录"表中的"销售额"为"订单总额"度量值。表达式中所包含的语法元素详细介绍如下。

① 订单总额　表示度量值的名称。

② 等号（=）　输入在公式的开头，用于自动返回结果。

③ SUM　是DAX函数，用于对"销售记录"表中"销售额"列内的所有数字求和。

④ 括号　函数的所有参数需要输入在括号中。

⑤ 订单记录　表示引用的表。

⑥ 销售额　表示表中所引用的列。

6.2.2　DAX公式中常用的运算符

DAX公式中的运算符包括算术运算符、比较运算符、文本运算符、逻辑运算符等，表6-1列出了常用运算符的类型和作用。

表6-1

运算符类型	作用
算术运算符	+（加法）
	-（减法/负号）
	*（乘法）
	/（除法）
	^（取幂）
比较运算符	=（等于）
	>（大于）
	<（小于）
	>=（大于或等于）
	<=（小于或等于）
	<>（不等于）
文本运算符	&（连接）
逻辑运算符	&&（和）
	‖（或）

6.2.3　DAX常用函数类型

DAX包含的函数类型有很多，根据用途可以分为以下几个类别。

（1）聚合函数

SUM：求和。

AVERAGE：求平均值。

MIN：求最小值。

MAX：求最大值。

SUMX(以及其他末尾带 X 的函数)：以 X 结尾的特殊聚合函数可同时处理多列。这些函数循环访问表并为每一行计算表达式。

（2）计数函数

COUNT：对数值进行计数。

COUNTA：对非空值进行计数。

COUNTBLANK：对空值进行计数。

COUNTROWS：对行数进行计数。

DISTINCTCOUNT：对不同值的数量进行计数。

（3）日期函数

NOW：返回当前时间。

DATE：返回日期。

HOUR：返回小时数值。

WEEKDAY：返回日期对应的星期几。

EOMONTH：返回指定月份之前或之后月份的最后一天。

（4）文本函数

CONCATENTATE：将两个文本字符串连接变为一个字符串。

REPLACE：替换文本。

SEARCH：搜索文本。

UPPER：将小写字母转换为大写字母。

FIXED：将数字舍入到指定的小数位数，并以文本形式返回结果。

（5）逻辑函数

DAX 中的逻辑函数包括 AND、OR、NOT、IF、IFERROR。

（6）信息函数

ISBLANK：是否为空。

ISNUMBER：是否为数字。

ISTEXT：是否为 TEXT 文本。

ISNONTEXT：是否不是文本。

ISERROR：是否为错误。

6.3 DAX 的应用

下面将使用 DAX 在 Power BI Desktop 创建度量值、计算值以及计算表。

6.3.1　创建度量值

度量值用于求和、求平均值、求最大值或最小值、计数等常见数据分析。与计算列相比，度量值表示的是单个值而非一列值。在 Power BI Desktop 中可以在报表视图或数据视图中创建和使用度量值。

下面将创建一个名为"所有订单金额汇总"的度量值，用于计算"订单信息"表中"订单金额"列中所有值的总和。

Step01： 切换到报表视图（或数据视图），在"数据"窗格中右击"订单信息"表，在弹出的菜单中选择"新建度量值"选项，如图6-20所示。

Step02： "数据"窗格中的"订单信息"组内随即显示"度量值"字段，同时在功能区下方会显示公式栏，如图6-21所示。

图6-20　　　　　　　　　　　　图6-21

Step03： 在公式栏中输入"所有订单金额汇总=SUM("，当输入"（"后，会出现下拉列表显示当前 Power BI Desktop 中的所有表以及字段，此处在下拉列表中单击"'订单信息'[订单金额]"，如图6-22所示。

图6-22

Step04： 所选表和字段信息随即被自动录入公式中，如图6-23所示。

图6-23

177

Step05：按下Enter键即可确认公式的录入，此时公式会自动补全"）"，在"数据"窗格中的"订单信息"表内可以看到新增的"所有订单金额汇总"字段，如图6-24所示。

图6-24

Step06：勾选"所有订单金额汇总"复选框，画布中随即会添加一个"簇状柱形图"视觉对象，如图6-25所示。

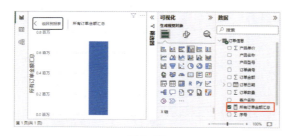

图6-25

Step07：用"簇状柱形图"展示订单总金额意义并不大，也不能形成对比效果，可以在"可视化"窗格中单击"卡片图"按钮，将所有订单的总金额以实际的数值显示，如图6-26所示。

图6-26

注意事项：

不管创建在哪个表中，都可以在创建完成后将其移动到指定的表中。也就是说度量值的创建位置不会对度量值的使用造成影响。若要移动度量值，在"数据"窗格中将度量值字段选中，随后在"度量工具"选项卡中的"结构"组内单击"主表"下拉按钮，在下拉列表中选择要移动至的表即可，如图6-27所示。

图6-27

6.3.2 创建计算列

Power BI Desktop使用DAX公式是对整列或整个表中的数据进行计算的，所以创建的计算列中的值是由对每行数据进行计算后的结果组成的。

下面将在"订单信息"表中创建"订单金额"列，在"订单金额"列中显示每个"产品单价"和"订单数量"的乘积。

Step01：切换到报表视图（或数据视图），在"数据"窗格中右击"订单信息"表，在弹出的菜单中选择"新建列"选项，如图6-28所示。

图6-28

Step02：在功能区下方的公式栏中输入公式"订单金额 = [产品单价] *RELATED（'产品信息'[订单数量]）"，输入公式时可以借助系统提供的下拉列表选择需要的函数或字段，公式输入完成后按Enter键，即可在"订单信息"表中创建"订单金额"字段，如图6-29所示。

图6-29

Step03：切换到数据视图可以查看到新创建的"订单金额"列的详细信息，如图6-30所示。

图6-30

6.3.3 创建合并列

除了新建计算列，也可合并指定列中的值。下面将合并"产品信息"表中的"产品名称"和"产品型号"列，创建结构为"产品名称-产品型号"的合并列。

Step01： 切换到报表视图（或数据视图），在"数据"窗格中右击"产品信息"表，在弹出的菜单中选择"新建列"选项，如图6-31所示。

Step02： 在公式栏中输入"产品综合信息 = [产品名称]&"-"&[产品型号]"，按下Enter键即可在"产品信息"表中创建"产品综合信息"字段，如图6-32所示。

图6-31

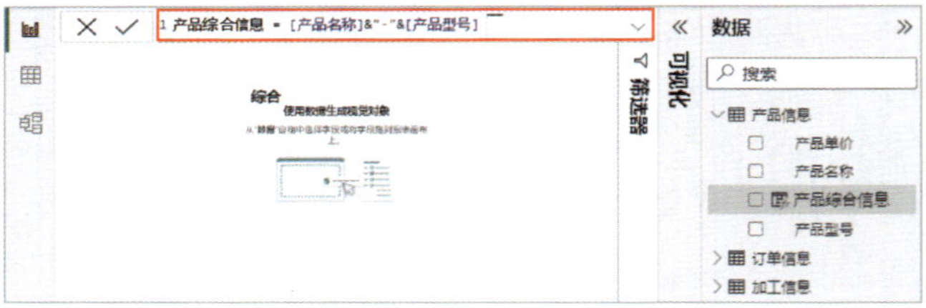

图6-32

Step03： 在数据视图中可以查看到"产品综合信息"列中的合并信息，如图6-33所示。

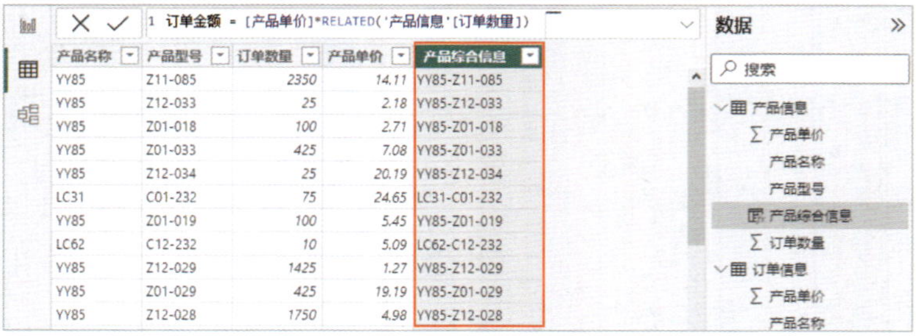

图6-33

【案例实战】 创建层次结构并钻取数据

本章主要对Power BI的DAX基本应用进行了详细介绍，包括DAX语法、常用运算符、常用函数类型，以及DAX的常见应用实例。本次案例实战将在指定表中创建层次结构并钻取数据。

层次结构列指的是一个表单当中具有上下级层级关系的两个或多个数据列组成的列组。这个列组可以作为一个普通数据列来创建可视化图形，并且使得构造的可视化图形具备向下穿透的能力。

在Power BI中最典型的层次结构列便是日期列，默认情况下，导入数据时，Power BI Desktop会默认将字段列表中的日期类型数据显示为层次结构，并按日期信息构造一个包含年、季度、月份以及日的层次结构列，如图6-34所示。

"各地区销售"表中的"地区"列中包含的是省份信息，"城市"列中包含的是城市信息，"销售员"列中包含销售员信息，下面将为"地区""城市"和"销售员"创建层次结构。

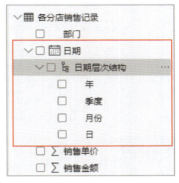

图6-34

（1）创建层次结构

Step01：在"数据"窗格中单击"各地区销售"表左侧的 〉按钮，展开该表中的所有字段，随后右击"地区"字段，在展开的列表中选择"创建层次结构"选项，如图6-35所示。

Step02："各地区销售"表中随即出现"地区 层次结构"字段，如图6-36所示。此时该层次结构中只包含"地区"字段，接下来还需要向该层次结构中添加下级字段。

图6-35

图6-36

Step03：在"各地区销售"表中右击"城市"字段，在弹出的菜单中选择"添加到层次结构"选项，在其下级列表中选择"地区 层次结构"选项，如图6-37所示。

Step04： 右击"销售员"字段，在菜单中选择"添加到层次结构"选项，在其下级列表中选择"地区 层次结构"选项，如图6-38所示。

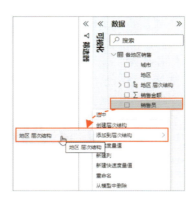

图6-37　　　　　　　　　　　　图6-38

Step05： 展开"地区 层次结构"组，此时可以看到其中所添加的字段，字段越靠上，层次等级越高，如图6-39所示。

Step06： 勾选"地区 层次结构"左侧的复选框，将其中的字段全部选中，随后勾选"销售金额"字段，向画布中添加报表，如图6-40所示。

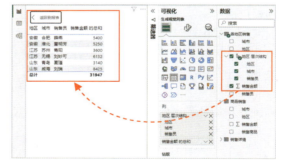

图6-39　　　　　　　　　　　　图6-40

Step07： 在"可视化"窗格中单击"簇状柱形图"按钮，将报表转换成相应的可视化图形，在可视化图形中可以按照层次结构查看销售金额，如图6-41所示。

（2）钻取数据

Step01： 将报表转换成可视化图形后，在图形的右上角或右下角会显示一排按钮，通过前4个箭头按钮↑ ↓ ⇊ ⬍可以钻取不同层级的报表数据，例如单击⇊按钮，如图6-42所示。

Step02： 可视化图形中随即显示层次结构中下一级别的数据，如图6-43所示。

Step03： 单击⬍按钮，则可以钻取层次结构中所有级别的数据，如图6-44所示。

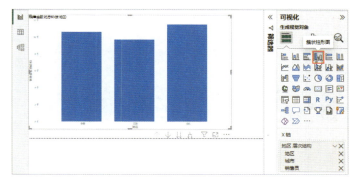

图6-41

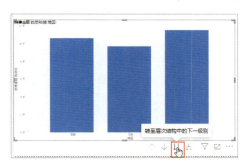

图6-42

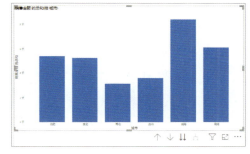

图6-43

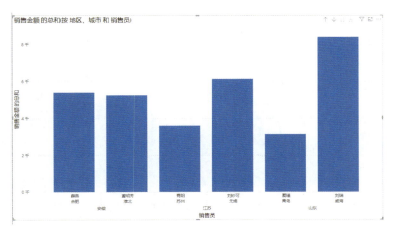

图6-44

第 7 章

报表的创建和编辑

　　Power BI报表是数据分析后所呈现的最终结果，报表主要由各种视觉元素组成，一个报表中通常包含多个视觉元素，以满足用户从不同角度分析数据的需求。本章将对Power BI Desktop中报表设计的常用工具以及使用方法进行详细介绍。

扫码看本章视频

7.1 报表基本操作

一个Power BI Desktop文件可以包含多个报表页，所有视觉对象均在报表页中显示，下面将对报表的创建、添加视觉对象、添加或移动报表页、重命名报表页等基本操作进行介绍。

7.1.1 使用Power BI Desktop创建报表

使用Power BI Desktop创建的报表可以另存为pbix文件在本地分析，也可以发布到Power BI服务通过网页进行浏览。

在"可视化"窗格中单击"簇状柱形图"按钮，向画布中添加一个空白的视觉对象，如图7-1所示。

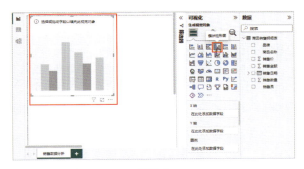

图7-1

在"数据"窗格中的指定表中勾选字段，可视化对象中随即显示所选字段的数据。默认情况下，所勾选的字段会根据数据类型自动显示为X轴、Y轴或图例，在"可视化"窗格中可以查看每个字段所显示的具体位置，如图7-2所示。

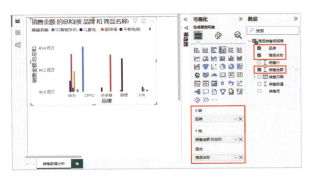

图7-2

若对默认的字段显示位置不满意，可以手动进行调整，例如将"商品名称"字段从"图例"区域移动到"X轴"区域。在"可视化"窗格中的"图例"区域选择

"商品名称"字段，按住鼠标左键向"X轴"区域拖动，如图7-3所示。松开鼠标后即可完成字段的移动，如图7-4所示。

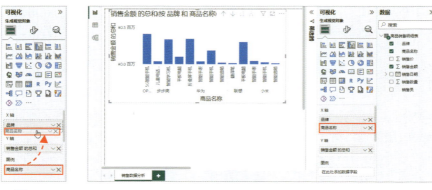

图7-3   图7-4

7.1.2　报表页的添加和重命名

Power BI Desktop默认包含一张名称为"第1页"的报表页，当用户需要在多个报表页中创建可视化对象时，则需要添加报表页。下面将介绍报表页的添加及重命名方法。

（1）添加报表页

添加报表页的方法非常简单，单击页面选项卡右侧的"新建页"按钮，如图7-5所示。Power BI Desktop中随即被添加一张报表页，默认名称为"第2页"，如图7-6所示。

图7-5   图7-6

除了上述方法外，用户也可以通过功能区中的命令添加报表页。具体操作方法如下。

在报表视图中打开"插入"选项卡，在"页"组中单击"新建页"下拉按钮，在下拉列表中选择"空白页"选项，如图7-7所示。

图7-7

图7-8

（2）重命名报表页

为了便于识别报表中的内容，可以为报表页重命名。重命名报表页也有多种操作方法。

双击需要修改名称的页面选项卡，名称随即变为可编辑状态，如图7-8所示。直接手动输入新的名称，输入完成后按Enter键确认修改即可，如图7-9所示。

用户也可右击页面选项卡，在弹出的菜单中选择"重命名页"选项，让页面选项卡进入可编辑状态，如图7-10所示。

图7-9

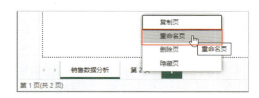
图7-10

7.1.3　移动和复制报表页

Power BI Desktop中的报表页和Excel中的工作表相似，也可以根据需要进行移动或复制。

（1）移动报表页

当报表页多于1页时，可以根据报表页中的内容对页面选项卡的显示位置进行移动，例如将"第1页"移动到"第4页"右侧，具体操作方法如下。

将光标放在"第1页"页面选项卡上，按住鼠标左键向"第4页"拖动，当"第4页"页面选项卡上方出现一条黑色粗实线时松开鼠标，如图7-11所示。"第1页"即可被移动到"第4页"右侧，如图7-12所示。

图7-11

图7-12

（2）复制报表页

右击需要复制的页面选项卡，在弹出的菜单中选择"复制页"选项，如图7-13所示。被复制的报表页会自动显示在所有报表页的最右侧，且名称中会显示"第2页的副本"字样，如图7-14所示。

图7-13   图7-14

另外，在报表视图中打开"插入"选项卡，在"页"组中单击"新建页"下拉按钮，在下拉列表中选择"重复页"选项，可以复制当前打开的报表页，如图7-15所示。

图7-15

7.1.4 隐藏和删除报表页

右击页面选项卡，通过菜单中的"删除页"和"隐藏页"两个选项还可对指定的报表页执行删除或隐藏操作，如图7-16所示。

执行"删除页"操作后会弹出"删除此页"对话框，单击"删除"按钮即可将所选报表页删除，如图7-17所示。

图7-16   图7-17

执行"隐藏页"操作后，被隐藏的报表页仍然会在Power BI Desktop中显示，但是在发布报表时可以选择不显示隐藏的报表页。设置为隐藏状态的报表页名称左侧会显示 👁 图标，如图7-18所示。

若要取消报表页的隐藏，可以右击被隐藏报表页的页面选项卡，在弹出的菜单中可以看到"隐藏页"选项左侧显示了一个绿色的对号，选择该选项即可取消隐藏，如图7-19所示。

图7-18   图7-19

7.2　视觉对象基本操作

在报表中创建视觉对象后可以对视觉对象进行一些基本设置，以满足不同的数据分析要求。

7.2.1　复制和粘贴视觉对象

用户可以在 Power BI Desktop 中复制视觉对象并将其粘贴到当前报表页或其他报表页中。下面将介绍具体操作方法。

Step01： 在报表视图中选择要复制的视觉对象，打开"主页"选项卡，在"剪贴板"组中单击"复制"按钮，如图 7-20 所示。

Step02： 切换到其他报表页，在"主页"选项卡中的"剪贴板"组内单击"粘贴"按钮，即可将视觉对象复制到其他报表页中，如图 7-21 所示。

图 7-20

图 7-21

操作提示

用户也可使用 Ctrl+C 组合键复制视觉对象，按 Ctrl+V 组合键将其粘贴到当前报表页或指定的报表页中。

7.2.2　移动视觉对象并调整大小

报表页中的视觉对象可以根据需要进行移动，特别是当一个报表页中包含多个视觉对象时，移动视觉对象可以起到重新排列、对齐的作用。

将光标放置在要移动位置的视觉对象上，如图 7-22 所示，按住鼠标左键向目标位置拖动，在拖动的过程中画布中会显示红色的参考线，方便与旁边的视觉对象进行对齐，如图 7-23 所示。拖动到合适的位置后松开鼠标即可。

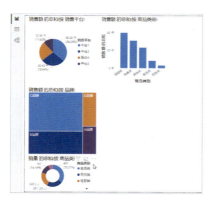
图7-22

图7-23

　　用户还可以对视觉对象的大小进行调整。当选中某个视觉对象后，该视觉对象周围会出现8个控制点，将光标移动到合适的控制点上，此时光标会变为双向箭头，如图7-24所示。按住鼠标左键进行拖动即可调整视觉对象的大小，效果如图7-25所示。

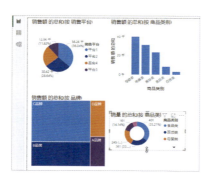
图7-24

图7-25

7.2.3　更改视觉对象的类型

　　创建视觉对象后，若对视觉对象的类型不满意，可以轻松修改其类型。只需选中视觉对象，随后在"可视化"窗格中重新选择视觉对象的类型，如图7-26所示。

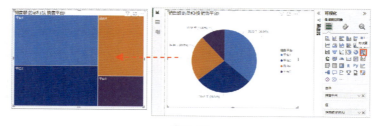
图7-26

7.2.4 设置视觉对象的格式

视觉对象的格式可以通过"可视化"窗格中提供的选项进行设置。选中视觉对象后"可视化"窗格中会显示 ⚙（设置视觉对象格式）和 🔍（向视觉对象添加进一步分析）按钮，单击"设置视觉对象格式"按钮，在打开的选项卡中包含"视觉对象"和"常规"两个选项组，用户便可以通过这两个选项组中包含的命令设置视觉对象的格式，如图7-27所示。

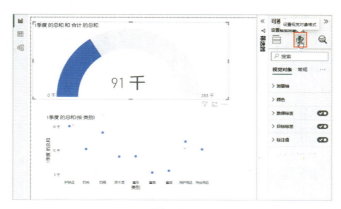

图7-27

例如，单击"颜色"选项，会展开和颜色相关的设置选项，可对"填充颜色"或"目标颜色"进行设置，如图7-28所示，单击"标注值"选项，通过设置相关参数，可对标注值的字体、字体效果、颜色、显示单位等进行设置，如图7-29所示，设置效果如图7-30所示。

图7-28   图7-29   图7-30

7.2.5 切换焦点模式

为了清晰查看视觉对象的各部分细节，可以将视觉对象切换为焦点模式。单击视觉对象右上角的"焦点模式"按钮，如图7-31所示。

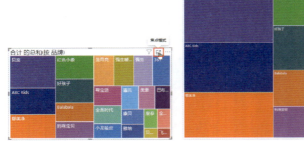

图7-31   图7-32

当前视觉对象随即占满整个画布以最大化显示，若要恢复原始大小可单击视觉对象左上角的"返回到报表"按钮，如图7-32所示。

Power BI　知识延伸

用户也可通过缩放画布的方式调整视觉对象的大小。在状态栏的右侧拖动"缩放"滑块即可快速缩放画布，如图7-33所示。

7.2.6　查看视觉对象数据

与视觉对象关联的数据能够以表的形式显示，下面将介绍具体操作方法。

图7-33

单击视觉对象右上角的 ⋯ 按钮（或右击视觉对象），在弹出的菜单中选择"以表的形式显示"选项，如图7-34所示。

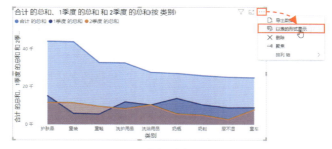

图7-34

视觉对象随即以类似焦点模式的方式显示，并在下方显示与其关联的数据表。单击视觉对象左上角的"返回到报表"按钮可返回原始状态，如图7-35所示。

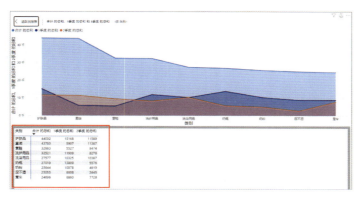

图 7-35

7.2.7 导出视觉对象数据

除了可以查看与视觉对象关联的数据，还可以导出这些关联数据。单击视觉对象右上角的 ··· 按钮，在弹出的菜单中选择"导出数据"选项，如图 7-36 所示。打开"另存为"对话框，选择好文件的导出位置，并设置好文件名，默认的保存类型为"CSV File（*.csv）"，单击"保存"按钮即可，如图 7-37 所示。

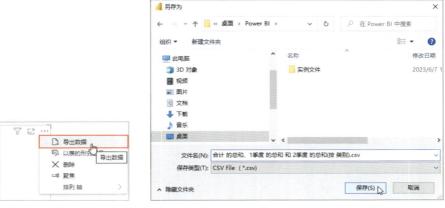

图 7-36   图 7-37

创建可视化报表后，对报表进行筛选可以查看到更多显示效果从而可以探索数据更深层的意义。

7.3.1 通过视觉对象交叉筛选

当一个报表页中包含多个视觉对象时，可以通过对任意一个视觉对象进行筛选突出显示其他视觉对象中相关联的数据。例如报表页中添加了多个视觉对象用以分析客户订单金额、产品加工天数、订单总额和订单总数量。默认情况下条形图中的所有系列全部高亮显示，以卡片图形式显示的视觉对象中显示当前字段的总和，如图7-38所示。

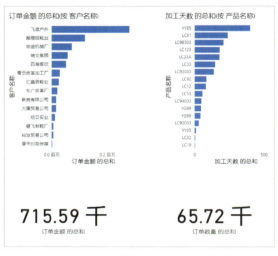

图7-38

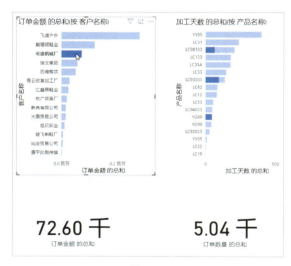

图7-39

在左上角的视觉对象中单击"宏途机械厂"条形系列，右侧视觉对象中与所选系列相关的数据随即被高亮显示，下方两个卡片图中也只显示出"宏途机械厂"的订单金额总和和订单数量总和，如图7-39所示。

若想改变交互方式，可以通过"编辑交互"功能来实现。在报表页中选中任意一个视觉对象，打开"格式"选项卡，在"交互"组中单击"编辑交互"按钮，如图7-40所示。

除了被选中的视觉对象之外，其他视觉对象左上角均显示图7-41所示的3个图标，从左到右依次为"筛选器""突出显示""无"。这3个按钮的作用如下。

① 筛选器　单击该图标将其选中，在视觉对象上单击形状或使用切片器筛选数据时，该视觉对象只显示对应的数据，并隐藏其他数据。

② 突出显示　单击该图标将其选中，在源视觉对象上单击形状或使用切片器筛选数据时，该视觉对象将高亮显示对应的数据，并且不会隐藏其他数据。

③ 无　单击该图标将其选中，在源视觉对象上单击形状或使用切片器筛选数据时，该视觉对象不会发生任何变化。

图7-40

图7-41

7.3.2　使用切片器筛选

切片器是添加在画布中的视觉筛选器，使用切片器可以实现数据的快速筛选，下面将介绍如何在报表页中添加及使用切片器。

Step01：在"可视化"窗格中单击"切片器"按钮，即可向画布中添加一个切片器，如图7-42所示。

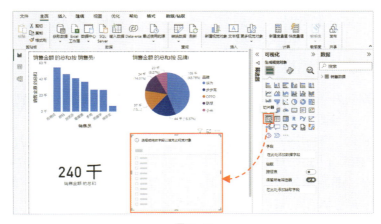
图7-42

Step02： 在"数据"窗格中勾选"商品名称"字段，即可将该字段添加到切片器中，如图7-43所示。

图7-43

Step03： 在切片器中单击某个商品名称选项，即可在其他视觉对象中筛选出相关数据，如图7-44所示。

Step04： 按住Ctrl键依次单击其他商品名称，还可以同时筛选多种商品，如图7-45所示。

图7-44   图7-45

7.3.3　设置切片器样式

切片器默认为"垂直列表"样式，通过设置可将样式更改为"磁贴"或"下拉"样式，如图7-46～图7-48所示。

在"可视化"窗格中打开"设置视觉对象格式"选项卡，单击"切片器设置"—"选项"—"样式"，在展开的下拉列表中可以选择切片器的样式，如图7-49所示。

切片器以"垂直列表"样式显示时，切片器中的选项设置为"多项选择"，如图7-50所示，即可以同时选择多个项目，除此之外，也可在"多项选择"模式下添加"全选"，如图7-51所示，或将切片器的选项设置为"单项选择"模式，如图7-52所示。

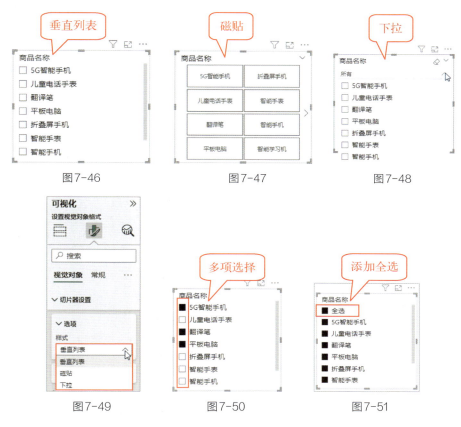

图7-46   图7-47   图7-48

图7-49   图7-50   图7-51

在"可视化"窗格中打开"设置视觉对象格式"选项卡，单击"切片器设置"—"选项"—"选择"，通过设置"单项选择""使用CTRL选择多项"和"显示'全选'选项"开关的打开或关闭即可将切片器中的选项设置为相应模式。需要注意的是"全选"只能在"多项选择"模式下使用，如图7-53所示。

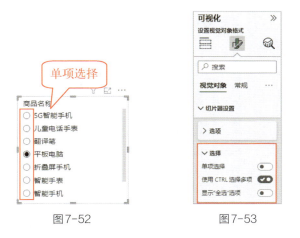

图7-52   图7-53

7.3.4 报表筛选器的应用

Power BI Desktop有3个固定的窗格，其中就包含"筛选器"窗格。筛选器中默认包含"此页上的筛选器"和"所有页面上的筛选器"。当报表页中添加了"切片器"并且被选中时，筛选器中还会显示"此视觉对象上的筛选器"，如图7-54所示。

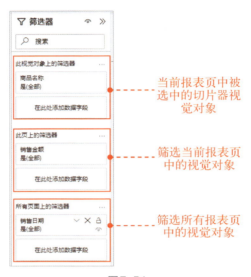

图7-54

用户可以将不同类型的字段添加到筛选器中。当添加的字段类型不同时，筛选器会提供不同的选项，下面以筛选数值型字段为例进行讲解。

Step01：在"数据"窗格中选择一个数值型字段，此处选择"销售金额"字段，将其拖动到"筛选器"窗格中的"此页上的筛选器"下方的"在此处添加数据字段"处，如图7-55所示。

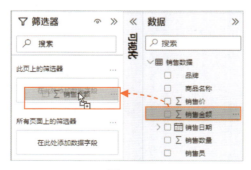

图7-55

Step02：字段添加成功后会显示更多操作选项，保持"筛选类型"为默认的"高级筛选"，单击"显示值为以下内容的项"下拉按钮，在下拉列表中选择"大于或等于"选项，如图7-56所示。

Step03： 在"大于或等于"下方文本框中输入具体值，此处输入"10000"，若要筛选同时符合多种条件的数据可以再选中"且"或"或"单选按钮，并继续设置条件，条件设置完成后单击"应用筛选器"按钮，即可执行相应筛选，如图7-57所示。

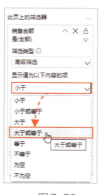
图7-56

图7-57

7.3.5　清除筛选

若要清除筛选，需要在相应的筛选器或切片器中进行操作。若要清除在筛选器中执行的筛选，可以在筛选器中的筛选条件后单击"清除筛选器"按钮清除当前筛选条件，如图7-58所示。若要清除切片器中的筛选，则可单击切片器右上角的"清除选择"按钮，如图7-59所示。

图7-58

图7-59

7.4　完善和美化报表

为了让报表更完善，看起来更美观，还需要对报表进行一些细节和外观上的处理。

7.4.1 插入图形元素

报表中除了可以添加各种图表类型的动态视觉对象以外，还可以添加一些包括文本框、形状、图片在内的静态视觉对象。

在报表视图中打开"插入"选项卡，在"元素"组中包含了"文本框""按钮""形状""图像"4个按钮，通过这些按钮可向当前报表页中添加相应的元素，如图7-60所示。

图7-60

例如在报表页中添加文本框制作报表页的标题，具体的操作方法如下。

Step01： 在报表视图中打开"插入"选项卡，在"元素"组内单击"文本框"按钮，画布中随即自动添加一个空白文本框，在文本框的旁边会显示一个浮动工具栏，其中包含了用于设置字体格式的各种按钮，如图7-61所示。

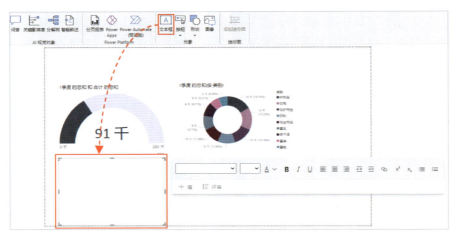

图7-61

Step02： 在文本框中输入标题内容，随后将内容选中，通过浮动工具栏中的选项设置字体、字号、字体颜色等，最后调整好文本框的大小，并将文本框拖动到合适的位置即可，如图7-62所示。

图7-62

7.4.2　应用报表主题

Power BI Desktop提供了很多内置的主题，使用不同的主题可以快速获得统一的配色和格式。下面将介绍如何切换主题。

在报表视图中打开"视图"选项卡，单击"主题"组中的下拉按钮，下拉列表中包含了很多内置的主题，使用鼠标单击即可应用主题，如图7-63所示。

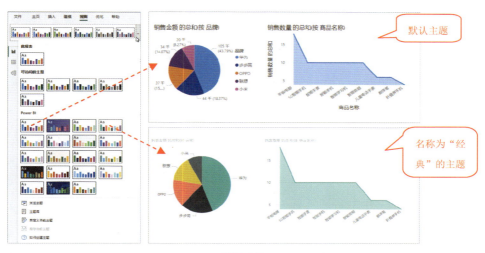

图7-63

除了选择内置的主题，也可以自定义主题。在"主题"下拉列表底部选择"自定义当前主题"选项，打开"自定义主题"对话框，通过该对话框中提供的选项即可自定义主题的颜色、名称等，如图7-64所示。

图7-64

7.4.3　调整画布大小和布局

　　Power BI Desktop中的画布默认使用16：9的比例，在页面中的对齐方式为顶端对齐。在"可视化"窗格中可以对画布的大小和布局进行调整。

　　在"可视化"窗格中打开"设置页面格式"选项卡，单击"画布设置"，展开该组中的所有选项。单击"类型"下拉按钮，下拉列表中包含了"16：09""4：03""信件""工具提示"4种类型的内置比例，以及"自定义"选项。

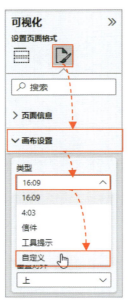

图7-65　　　　　　图7-66　　　　　　图7-67

选择任意一种内置比例，即可快速将画布调整为相应尺寸比例。若要自定画布尺寸，可以单击"自定义"选项，如图7-65所示。

在"高度（像素）"和"宽度（像素）"文本框中输入具体数值，画布随即被设置为相应尺寸，如图7-66所示。

若要调整画布在页面中的对齐方法，单击"垂直对齐"下拉按钮，在下拉列表中选择"中"选项，即可将画布设置为垂直居中显示，如图7-67所示。

7.4.4　设置画布背景

用户还可以为画布或整个报表页设置背景，背景的效果包括纯色和图片两种。下面将介绍具体设置方法。

在"可视化"窗格中打开"设置页面格式"选项卡，单击"画布背景"，通过该组中的选项可以为画布设置纯色背景或图片背景，当设置纯色背景时，默认的透明度为"100%"，即完全透明，用户可以通过调节"透明度"值控制背景颜色的透明度，如图7-68所示。

在"可视化"窗格中打开"设置页面格式"选项卡，通过"壁纸"组中的选项还可以设置页面的背景效果，如图7-69所示。

图7-68　　　　　　　　　　　　　　　　　　图7-69

【案例实战】 使用书签创建页面导航

Power BI Desktop中的书签可以记录报表页面的位置，通过书签可以在执行其他操作时快速跳转到想要看到的页面，类似超链接功能。下面将使用书签功能创建页面导航。

（1）创建书签

Step01： 在报表视图中打开"视图"选项卡，在"显示窗格"组中单击"书签"按钮，窗口右侧随即显示"书签"窗格，如图7-70所示。

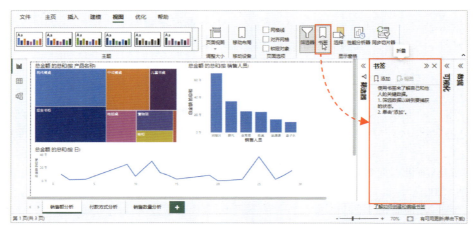

图7-70

Step02： 在"书签"窗格中单击"添加"按钮，如图7-71所示。

Step03： 当前打开的报表页随即被添加书签，默认书签名称为"书签1"，如图7-72所示。

图7-71   图7-72

Step04： 在"书签"窗格中右击"书签1"，在弹出的菜单中选择"重命名"选项，如图7-73所示。

Step05： 书签名称随即变为可编辑状态，手动输入书签名称为"销售额分析"，输入完成后按Enter键确认，如图7-74所示。

Step06： 随后参照上述步骤依次为其他报表页创建书签并修改书签名称，如图7-75所示。

图7-73   图7-74

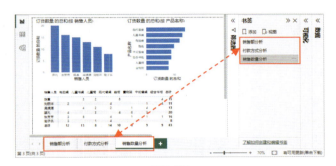

图7-75

（2）放映书签

Step01：书签创建完成后在"书签"窗格中单击"视图"按钮，如图7-76所示。

Step02：添加书签的报表随即切换为放映模式，书签名称显示在画布底部的书签标题栏中，通过书签标题栏右侧的左、右箭头可以快速移动到上一个或下一个书签所对应的页面。若要退出放映模式，可以单击书签栏最右侧的"关闭"按钮，或单击"书签"窗格中的"退出"按钮，如图7-77所示。

图7-76   图7-77

（3）创建按钮链接书签

Step01：打开"插入"选项卡，在"元素"组中单击"按钮"下拉按钮，在下拉列表中选择"空白"选项，如图7-78所示。

Step02：当前报表页中随即被插入一个空白按钮，该按钮默认在画布左上角显示，使用鼠标拖动可改变按钮的位置，如图7-79所示。

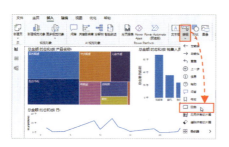

图7-78

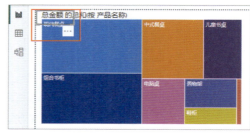

图7-79

Step03：选中空白按钮后窗口右侧会自动显示"格式"窗格，在该窗格的"按钮"选项卡中单击"操作"选项，在展开的选项中单击"类型"下拉按钮，选择"书签"选项，如图7-80所示。

Step04：随后单击"书签"下拉按钮，在下拉列表中选择"销售额分析"选项，将指定的报表页链接到书签，如图7-81所示。

Step05：在"格式"窗格中单击"样式"选项，随后打开"文本"组，在"文本"文本框中输入"销售额分析"（该内容会显示在空白按钮中），设置好字体、字号、字体效果、字体颜色等，如图7-82所示。

图7-80

图7-81

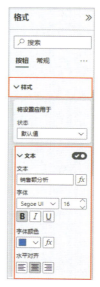

图7-82

Step06：调整好按钮的大小，此时第一个按钮便设置好了，效果如图7-83所示。

Step07：参照上述方法继续向当前报表中添加其他按钮，同时设置好每个按钮要链接的报表页，如图7-84所示。

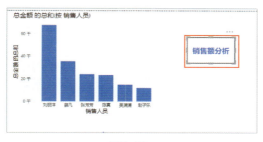
图7-83

图7-84

Step08：选中3个按钮，按Ctrl+C组合键复制，随后依次打开其他报表页，按Ctrl+V组合键粘贴，让每个报表页中都包含这3个按钮。最后在任意一个报表页中按住Ctrl键单击按钮即可立即访问对应的页面，如图7-85所示。

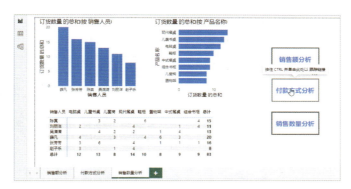
图7-85

第 8 章

可视化对象的
数据交互

　　创建视觉对象后，可以通过一些交互方式查看数据，例
如：对数据进行分组和装箱，让视觉对象根据需要进行排
序，钻取数据查看不同层级的数据，等等。

扫码看本章视频　　人工智能助力
　　　　　　　　　数据分析

8.1　分组和装箱

在创建视觉对象后，使用"分组"功能，可以对报表中的按钮、文本框、形状、图像，以及其他视觉对象进行分组，通过分组可以将组视为单个视觉对象，从而更轻松、快速且直观地移动视觉对象的位置、调整视觉对象的大小和处理报表中的图层。

8.1.1　视觉对象的分组

报表页中的视觉对象可以合并成组，以便移动位置、调整大小、设置格式等。下面将介绍具体操作方法。

Step01： 先选中一个视觉对象，按住Ctrl键依次单击要添加在一个分组中的其他视觉对象，打开"格式"选项卡，在"排列"组中单击"分组"下拉按钮，在下拉列表中选择"分组"选项，如图8-1所示。

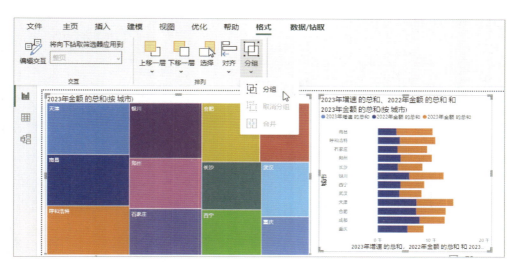

图8-1

Step02： 所选视觉对象随即被合并为一个分组，用户可以对一个分组中的所有对象同时执行调整大小、移动位置等操作，如图8-2所示。

Step03： 若想将后续创建的视觉对象添加到视觉对象分组中，可以将新添加的视觉对象和视觉对象分组同时选中，单击"分组"按钮，在下拉列表中选择"分组"或"合并"选项，如图8-3所示。

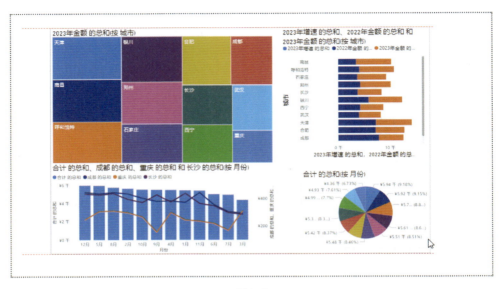

图8-2

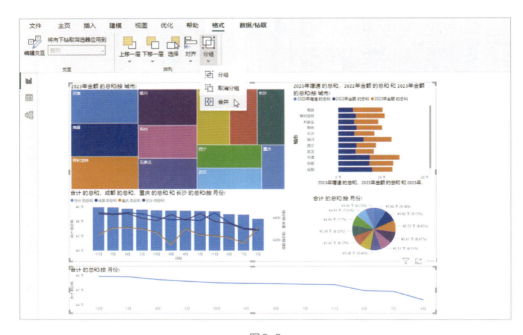

图8-3

操作提示

若要取消分组，可以将视觉对象分组选中，在"格式"选项卡中的"排列"组中单击"分组"下拉按钮，在下拉列表中选择"取消分组"选项，如图8-4所示。

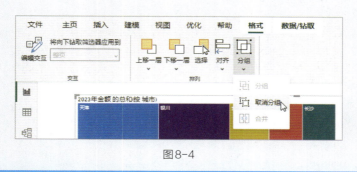

图8-4

8.1.2 装箱分组

在 Power BI Desktop 中可以对数字和时间类型的字段设置装箱大小。借助装箱，可以合理精简 Power BI Desktop 显示的数据。下面将以日期字段为例进行介绍。

Step01：在"数据"窗格中右击"订单日期"字段，在弹出的菜单中选择"新建组"选项，如图8-5所示。

图8-5

图8-6

Step02： 弹出"组"对话框，此时默认的名称为"订单日期（箱）"，组类型默认为"箱"，用户可以在"装箱大小"文本框中输入具体的数值，另外还可以选择日期的单位，此处使用默认的单位"天"，单击"确定"按钮，如图8-6所示。

Step03： "数据"窗格中对应的表中随即出现"订单日期（箱）"组，勾选该组左侧的复选框，随后勾选数值型字段"订单金额"，画布中随即显示装箱分组后的报表效果，如图8-7所示。

Step04： 若要编辑分组，可以在"数据"窗格中右击分组字段，在弹出的菜单中选择"编辑组"选项，如图8-8所示。

图8-7

图8-8

Step05： 打开"组"对话框，修改日期的单位为"月"，"装箱大小"为"1"，单击"确定"按钮，如图8-9所示。

Step06： 报表中的"订单日期（箱）"字段的分组效果随即发生变化，如图8-10所示。

图8-9

图8-10

Step07： 切换到数据视图，还可以查看到"订单日期（箱）"的详细分组情况，如图8-11所示。

序号	订单日期	订单编号	客户名称	产品名称	产品型号	订单数量	产品单价	订单金额	订单交期	加工天数	订单日期 (月)
1	2022年12月24日	QT511572-004	鹏顺印刷业	YY85	Z11-085	2350	14.11	33158.5	2023年1月8日	15	2022年12月
2	2022年12月31日	QT511689-004	四海餐饮	YY85	Z12-033	25	2.18	54.5	2023年1月11日	11	2022年12月
3	2022年12月31日	QT511909-001	四海餐饮	YY85	Z01-018	100	2.71	271	2023年1月8日	8	2022年12月
4	2022年12月31日	QT511962-008	四海餐饮	YY85	Z01-033	425	7.08	3009	2023年1月11日	11	2022年12月
5	2023年1月2日	QT511689-005	四海餐饮	YY85	Z12-034	25	20.19	504.75	2023年1月11日	9	2023年1月
6	2023年1月2日	QT511873-001	旭日实业	LC31	C01-232	75	24.65	1848.75	2023年1月19日	17	2023年1月
7	2023年1月2日	QT511909-002	四海餐饮	YY85	Z01-019	100	5.45	545	2023年1月8日	6	2023年1月
8	2023年1月4日	QT511497-016	东广家具厂	LC62	C12-232	10	5.09	50.9	2023年1月23日	19	2023年1月
9	2023年1月4日	QT511588-005	飞鹰户外	YY85	Z12-029	1425	1.27	1809.75	2023年1月11日	7	2023年1月
10	2023年1月4日	QT511962-004	四海餐饮	YY85	Z01-029	425	19.19	8155.75	2023年1月11日	7	2023年1月
11	2023年1月5日	QT511587-004	飞鹰户外	YY85	Z12-028	1750	4.98	8715	2023年1月11日	6	2023年1月
12	2023年1月5日	QT511962-002	四海餐饮	YY85	Z01-027	425	14.81	6294.25	2023年1月11日	6	2023年1月
13	2023年1月6日	QT511586-005	飞鹰户外	YY85	Z12-027	2300	15.33	35259	2023年1月11日	5	2023年1月
14	2023年1月6日	QT511962-001	四海餐饮	YY85	Z01-026	425	4.63	1967.75	2023年1月11日	5	2023年1月
15	2023年1月7日	QT511674-001	裕发贸易公司	LC32	C01-176	175	5.4	945	2023年1月11日	4	2023年1月
16	2023年1月7日	QT511962-006	四海餐饮	YY85	Z01-031	425	12.68	5389	2023年1月11日	4	2023年1月
17	2023年1月8日	QT8511980-026	东广家具厂	LC123	M003-077	425	21.02	8933.5	2023年1月11日	3	2023年1月
18	2023年1月8日	QT511589-005	飞鹰户外	YY85	Z12-030	1500	2.38	3570	2023年1月11日	3	2023年1月
19	2023年1月8日	QT511875-001	旭日实业	LC31	C01-236	75	10.02	751.5	2023年1月19日	11	2023年1月
20	2023年1月8日	QT511962-005	四海餐饮	YY85	Z01-030	425	3.67	1559.75	2023年1月11日	3	2023年1月
21	2023年1月11日	QT511874-001	旭日实业	LC31	C01-234	75	9.22	691.5	2023年1月25日	14	2023年1月
22	2023年1月11日	QT511874-002	旭日实业	LC31	C01-235	75	4.64	348	2023年1月25日	14	2023年1月

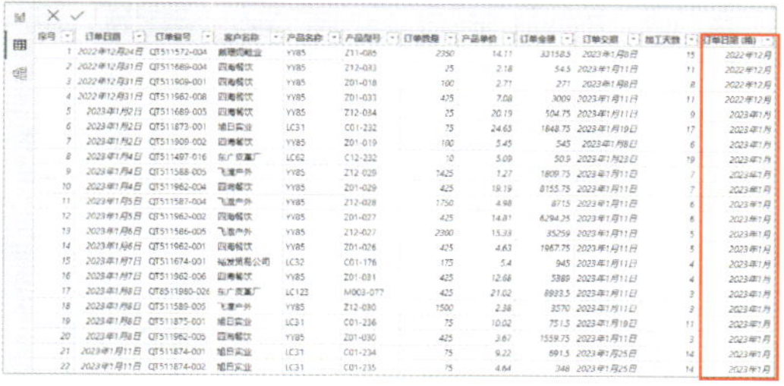

图8-11

8.2 可视化对象的排序

用户可以更改视觉对象的排序方式，确保视觉对象反映相关趋势或突出显示重点信息。

8.2.1 设置排序字段

当视觉对象中包含了多个字段的数据时，可以根据需要选择排序字段以及排序方式。下面将以簇状柱形图为例进行讲解。该簇状柱形图的X轴为日期层次结构中的“月份”信息，Y轴为“销售金额”信息，默认情况下簇状柱形图按照销售金额的总和从高到低排序。

Step01：选中要设置排序的视觉对象，单击右上角的 ··· 按钮，在展开的列表中选择“排列 轴”选项，在其下级列表中选择“月份”选项，如图8-12所示。

Step02：排序的字段随即发生更改，簇状柱形图已经按照月份降序进行排序，如图8-13所示。

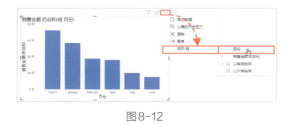

图8-12

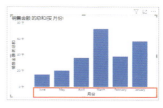

图8-13

8.2.2 更改排序方式

设置好排序的字段后还可以将默认的降序排序修改为升序排序。例如将视觉对象中的月份按照升序排序。

Step01： 选中视觉对象，单击右上角 ⋯ 按钮，在展开的列表中选择"排列轴"选项，在其下级列表中选择"以升序排序"选项，如图8-14所示。

Step02： 簇状柱形图随即按照月份升序进行排序，如图8-15所示。

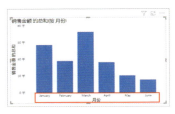

图8-14   图8-15

Power BI   **注意事项：**

当视觉对象中的字段添加在不同区域中时，视觉对象会提供相应的排列选项。例如，分别向"X轴""Y轴""图例"以及"小型序列图"区域中添加字段，单击视觉对象右上角的 ⋯ 按钮，在下拉列表中可以看到相应的多个排列选项，如图8-16所示。

图8-16

8.2.3 表对象的排序

表视觉对象（简称表对象）的排序和其他视觉对象的排序方法稍有不同，用户可以根据每列中提供的按钮快速对目标列进行排序。

将光标移动到表对象中的任意一个列标题处，该标题下方随即出现黑色小三角图标，用户可通过单击黑色小三角图标控制当前列中数据的排序。

默认情况下文本型和日期型字段中的初始图标为"▲"形状，数值型字段的初始图标为"▼"形状。下面以排序数值型字段为例进行介绍。

单击要排序的列标题中的"▼"图标，该列中的数值随即按照降序排序，如图8-17所示。

再次单击该标题中的"▼"图标，可将该列中的数值设置为升序排序，同时该列标题中的图标变为"▲"形状，如图8-18所示。

品牌	商品名称	销售数量 的总和	销售金额 的总和
OPPO	5G智能手机	10	37114
步步高	智能学习机	10	40390
华为	平板电脑	10	31796
联想	平板电脑	8	29320
步步高	儿童电话手表	6	3634
华为	智能手表	6	5872
华为	智能手机	6	23960
联想	翻译笔	6	4398
小米	智能音箱	6	2256
华为	折叠屏手机	4	40812
华为	智能音箱	4	2500
小米	智能手表	4	4596
小米	智能手机	4	12976
总计		84	239624

图8-17

品牌	商品名称	销售数量 的总和	销售金额 的总和
华为	折叠屏手机	4	40812
华为	智能音箱	4	2500
小米	智能手表	4	4596
小米	智能手机	4	12976
步步高	儿童电话手表	6	3634
华为	智能手表	6	5872
华为	智能手机	6	23960
联想	翻译笔	6	4398
小米	智能音箱	6	2256
联想	平板电脑	8	29320
OPPO	5G智能手机	10	37114
步步高	智能学习机	10	40390
华为	平板电脑	10	31796
总计		84	239624

图8-18

若要取消筛选，可以单击表对象右上角的 ··· 按钮，在展开的列表中选择"排序方式"选项，在其下级列表中会显示表对象中的所有字段，执行过筛选的字段左侧会显示对号，单击显示对号的选项，即可取消该字段的排序，恢复表对象的初始状态，如图8-19所示。

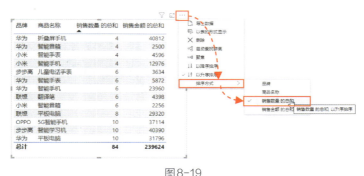

图8-19

8.3　钻取数据

使用Power BI Desktop的钻取功能，可以轻松掌控一个报表内不同层次的信息，还可以让数据的展示范围从比较宽泛的面逐步聚焦到一个点，从而发现数据更大的价值。

8.3.1　钻取详细数据

当X轴或类别轴中包含多个字段时，这些字段将会在视觉对象中呈现层次结构，

Power BI针对这种有层次结构的视觉对象提供了钻取功能。下面将介绍如何钻取视觉对象的详细数据。

Step01：选中包含层次结构的视觉对象，打开"数据/钻取"选项卡，在"显示"组中单击"视觉对象表"按钮，如图8-20所示。

图8-20

Step02：所选视觉对象中的数据随即以表格形式在视觉对象下方显示，单击视觉对象右上角的"切换为竖排板式"按钮，如图8-21所示。

Step03：视觉对象和表即可被设置为竖排显示，如图8-22所示。单击视觉对象右上角的"切换为横排板式"可恢复为横排显示。单击视觉对象左上角的"返回到报表"按钮则可隐藏视觉对象表的显示。

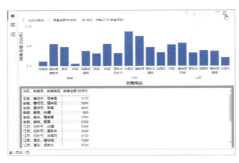 

图8-21　　　　　　　　　　图8-22

8.3.2　钻取层次结构

通过钻取操作，可以让包含层次结构的视觉对象显示不同层次的数据图形。钻取分为向上钻取和向下钻取。向上钻取是通过减少维数，将低层次的细节数据概括到高层次的汇总数据，在更大的粒度上查看数据信息；向下钻取是增加新的维数，从汇总数据深入到细节数据，在更小的粒度上观察和分析数据信息。

用户可以使用多种方法控制视觉对象层次结构的显示。常用的方法包括使用视觉对象提供的4个箭头形状按钮，如图8-23所示，以及使用"数据/钻取"选项卡中的命令按钮，如图8-24所示。

其中视觉对象中的箭头按钮的应用前文中简单介绍过，此处将对其使用细节进行讲解。这4个箭头从左至右作用依次为向上钻取、启用向下钻取、转至层次结构中的下一级别、展开层次结构中的所有下移级别。

① 向上钻取　显示上一层结构。

② 启用向下钻取　启用"深化模式"，在该模式下，单击视觉对象中的数据点可以向下深化钻取该数据点的层级。

③ 转至层次结构中的下一级别　一次性将当前所有字段钻取到下一个层次结构，无需选择任何数据点。

④ 展开层次结构中的所有下移级别　一次性展开所有字段，单击该按钮时，可向当前的视觉对象添加一个额外的层次结构级别，显示与当前相同的数据信息并添加一级新的信息。

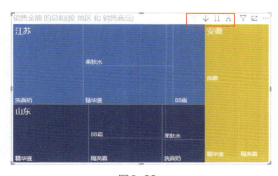

图8-23

图8-24

（1）创建有层次结构的树状图

下面将创建带有层次结构的树状图，使用树状图进行钻取的好处在于，用户可以直观地看到当前层次结构下每个部分与整体之间的比例，Power BI 会根据度量值来确定每个矩形内的空间大小，矩形按照大小从左上方（最大）到右下方（最小）进行排列。

Step01：在"可视化"窗格中单击"树状图"按钮，向画布中添加空白视觉对象，如图8-25所示。

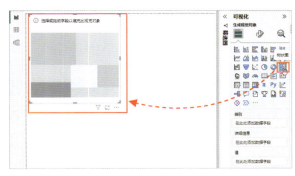

图8-25

Step02： 在"数据"窗格中打开"销售详情"表，选择"地区"字段，按住鼠标左键向"可视化"窗格中的"类别"区域拖动，如图8-26所示。

Step03： 松开鼠标后该字段随即出现在了"类别"区域，如图8-27所示。

Step04： 参照上述方法继续向"类别"区域中添加"城市"和"销售员"字段，并将"销售商品"字段添加到"详细信息"区域，将"销售金额"字段添加到"值"区域，如图8-28所示。

图8-26

图8-27

图8-28

Step05： 字段添加完成后可拖动视觉对象四周的控制点，调整其大小，使图表中的内容更完整地显示，如图8-29所示。

（2）钻取不同层级结构

在视觉对象中单击↓↓按钮，即可显示下一层级结构，如图8-30所示。继续单击该按钮可继续钻取下一层级结构，直到按钮变为浅灰色不可操作，则说明已经钻取至最后一个层级。

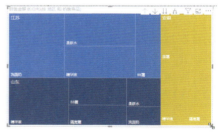
图8-29

图8-30

当↑按钮为可操作状态时，单击该按钮可钻取上一层级结构，该按钮变为浅灰色时说明当前视觉对象中显示的为第一层级结构，如图8-31所示。

图8-31

视觉对象在第一层级结构时单击⋔按钮，可以在当前层次结构中添加所有下移层级的信息，如图8-32所示。

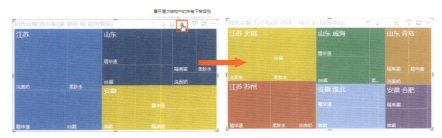

图8-32

（3）启用"深化模式"钻取数据点

在视觉对象中单击↓按钮，如图8-33所示，启动"深化模式"，此时按钮会变为⬇形状，在视觉对象中单击指定的数据点，如图8-34所示，视觉对象中随即显示所选数据点的下一层级信息，继续在该层级单击数据点，如图8-35所示。可以继续向下钻取该数据点的详细信息，在钻取数据点信息时可以通过视觉对象中的↑（向上钻取）按钮返回上一层级信息，若要退出"深化模式"可以单击⬇按钮，如图8-36所示。

图8-33

图8-34

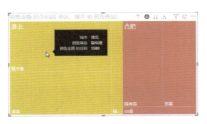

图8-35 图8-36

Power BI　注意事项：

除了树状图，其他的许多视觉对象也都可以使用钻取功能，只要数据具有层次结构即可，如柱形图、地图（常用于有层次结构的地理数据）、折线图等，都可以使用钻取功能。

8.3.3　添加钻取字段

不具备层次结构的视觉对象可以通过添加钻取字段来钻取数据，下面将介绍具体操作方法。

Step01： 在"数据"窗格中选择需要用于数据钻取的字段，按住鼠标左键，将其拖动至"可视化"窗格中的"钻取"区域，如图8-37所示。

Step02： 添加到"钻取"区域中的字段随即显示该字段中的所有项目，每个项目左侧均提供复选框，勾选需要钻取的项目，可视化视图中随即显示相应内容，如图8-38所示。

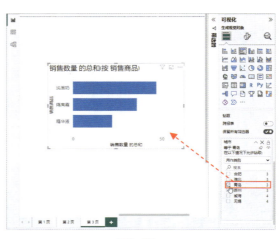

图8-37 图8-38

Step03： 按住 Ctrl 键不放，在"钻取"区域中依次单击其他项目的复选框，可以同时钻取多个项目数据，如图8-39所示。

Step04： "钻取"区域中还可以同时添加多个字段，并同时钻取不同字段中的多个项目的数据，如图8-40所示。

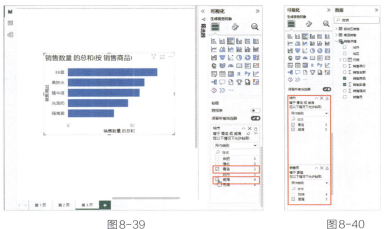

图8-39   图8-40

【案例实战】 制作婴儿用品销售分析Power BI报表

在Power BI中能够很好地采集、分析和处理数据，对于销售数据能够实现精细化的管理和分析。本案例将以多种品牌的婴儿用品全年销售数据为基础数据进行可视化分析。首先将Excel表格中的销售数据导入Power BI Desktop，切换到数据视图可以查看数据详情，如图8-41所示。

图8-41

（1）计算利润率

Step01： 切换到数据视图，打开"表工具"选项卡，在"计算"组中单击"新建列"按钮，如图8-42（a）所示。

Step02： 表右侧随即自动添加一个空白列，并在表上方显示公式编辑栏，在公式编辑栏中的等号后输入"["，在下拉列表中选择"利润"字段，如图8-42（b）所示。

Step03： 所选字段随即被自动插入到公式中，手动输入除法运算符"/"，继续输入一个"["，在下拉列表中选择"合计"字段，如图8-43所示。

Step04： 公式输入完成后按Enter键即可在新建的列中自动生成计算结果，如图8-44所示。

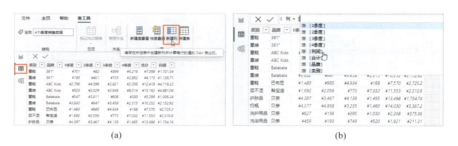

(a) (b)

图8-42

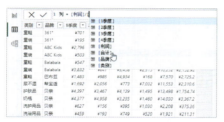

图8-43

图8-44

Step05： 双击新建列的标题，标题变为可编辑状态，输入"利润率"，随后按Enter键即可完成名称的更改，如图8-45所示。

Step06： 保持"利润率"列为选中状态，打开"列工具"选项卡，在"格式化"组中单击"%"按钮，将所选列中的数据设置为百分比格式，如图8-46所示。

图8-45

图8-46

（2）创建视觉对象

Step01： 切换到报表视图，在"可视化"窗格中单击"仪表"按钮，向画布中添加相应类型的视觉对象，如图8-47所示。

Step02: 在"数据"窗格中将"合计"字段拖动到"可视化"窗格中的"最大值"区域,将"1季度"字段拖动到"值"区域,视觉对象自动生成相应图表,如图8-48所示。

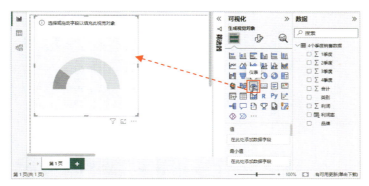

图8-47

Step03: 在画布中选中"仪表"视觉对象,按Ctrl+C组合键复制,随后连续按3次Ctrl+V组合键,得到4张相同的并排列好的图表,如图8-49所示。

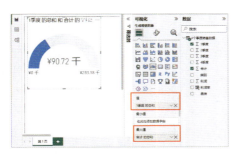

图8-48   图8-49

Step04: 选中右上角图表,在"可视化"窗格中的"值"区域内单击"1季度"字段右侧的 × 按钮,将该字段删除,如图8-50所示。

Step05: 随后在"数据"窗格中将"2季度"字段拖动到"可视化"窗格的"值"区域中,如图8-51所示。

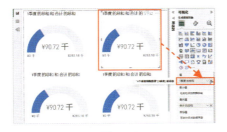

图8-50

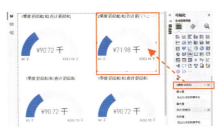

图8-51

Step06： 参照上述方法，修改剩余2张图表中的"值"区域的字段，使其分别显示3季度和4季度的数据，如图8-52所示。

Step07： 按住Ctrl键依次单击各图表，将其全部选中，随后右击任意图表的空白处，在弹出的菜单中选择"分组"选项，在其下级列表中选择"分组"选项，如图8-53所示。

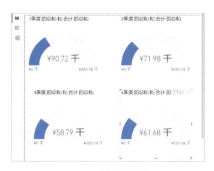
图8-52

图8-53

Step08： 最后继续向画布中添加折线图、簇状柱形图和卡片图，并向视觉对象中添加字段，调整好视觉对象的大小和位置，如图8-54所示。

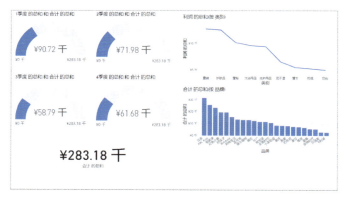
图8-54

（3）为合计装箱分组

Step01： 在"数据"窗格中右击"合计"字段，在弹出的菜单中选择"新建组"选项，如图8-55所示。

Step02： 打开"组"对话框，在"装箱大小"文本框口输入"2000"，单击"确定"按钮，如图8-56所示。

Step03： "数据"窗格中随即出现"合计（箱）"字段，在"可视化"窗格中单击"切片器"按钮，向画布中添加空白切片器，如图8-57所示。

Step04： 在"数据"窗格中勾选"合计（箱）"字段的复选框，筛选器中随即显示控制最大值和最小值的操作滑动条，如图8-58所示。

图8-55

图8-56

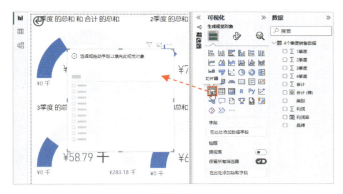

图8-57

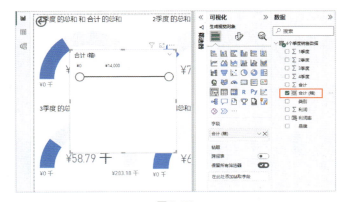

图8-58

Step05： 调整好切片器的大小和位置，拖动滑动条上的圆形滑块控制最小值或最大值，其他可视化对象中随即做出相应变化，如图8-59所示。

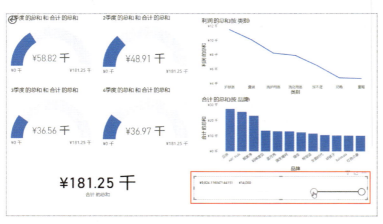

图8-59

图8-60

（4）钻取数据

Step01： 在"数据"窗格中将"品牌"和"类别"字段拖动到"可视化"窗格中的"钻取"区域，如图8-60所示。

Step02： 按住Ctrl键在"品牌"字段中依次勾选"贝亲"和"红色小象"复选框，如图8-61所示。

Step03： 画布中的视觉对象随即钻取到相关数据，如图8-62所示。

图8-61

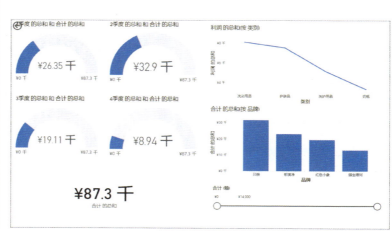

图8-62